Typenkompass

Eugen Reichl

Geheime Raumfahrtprojekte

seit 1957

Motor
buch
Verlag

Einbandgestaltung: Luis Dos Santos

Bildnachweis:
Die Bilder stammen von Wired, der NASA, Roskosmos, der USAF und aus dem Archiv des Autors.

ISBN 978-3-613-03426-6

1. Auflage 2012

Sie finden uns im Internet unter
www.motorbuch-verlag.de

Lektorat: Alexander Burden
Innengestaltung: PrintOffice, Schlaitdorf
Satz: PrintOffice, Schlaitdorf
Druck und Bindung: Kessler Druck und Medien, 86399 Bobingen
Printed in Germany

Inhalt

Einführung

Dieses Buch trägt den Titel »Geheimprojekte« und Sie werden sich wahrscheinlich fragen, wie es denn möglich ist, über »Geheimprojekte« zu berichten, wenn sie doch geheim sind? Da man offensichtlich ihre Geschichten erzählen kann sind sie doch wohl eher öffentlich.
Dennoch ist der Titel durchaus richtig gewählt. Der überwiegende Teil der hier beschriebenen Projekte war in ihrer aktiven Phase der Öffentlichkeit nicht bekannt. Von den anderen war (und ist es in einem Fall immer noch) ihre Existenz zwar publik, doch um ihre Ziele und Aufgaben bestehen Rätsel und die Auftraggeber sind nicht sonderlich bemüht, Sinn und Zweck ihrer Vorhaben zu erklären.
Vielleicht lassen Sie mich einfach an einigen Beispielen aus dem Inhalt erläutern, wie der Begriff »Geheim« zu verstehen ist.
Kapitel eins dieses Buches beschäftigt sich mit den Projekten »Pilot & Caleb«. Diese Vorhaben aus den späten 50er- und frühen 60er-Jahren

Sieht lustig aus, war aber ernst gemeint. Der bemannte sowjetische Lunnij Korabl-Mondlander.

gehörten tatsächlich bis 1984 der »schwarzen Welt« an. Mehr als ein Vierteljahrhundert gelangten keine Berichte darüber in die Medien. Die Öffentlichkeit wusste noch nicht einmal, dass es diese Projekte überhaupt gab.
In den hektischen Tagen des Kalten Krieges wurden manchmal in geradezu panischer Weise Pläne und Projekte ausgearbeitet, über die man sich heute keine Vorstellungen mehr machen kann. Auch sie waren geheim, vor allem um dem Gegner im Wettlauf der Ideologien keine Anhaltspunkte zu liefern.
So war es etwa mit der sowjetischen Mondrakete N1, deren Existenz erst nach dem Fall der UdSSR zugegeben wurde. Bis in die 80er-Jahre hinein leugnete die Sowjetunion, dass es überhaupt ein Wettrennen mit den USA um die bemannte Mondlandung gegeben hatte. Ganz zu schweigen davon, dass man für diesen Zweck eine eigene Rakete entwickelt hätte.
Die Existenz des sowjetischen Großträgers Energia und der Raumfähre Buran wurden erst Tage vor ihren Erstflügen bekannt gegeben (obwohl es um diese beiden Fluggeräten schon lange vorher Gerüchte im Westen gab).
Die militärische Raumstation MOL entstand weitgehend im Geheimen und wurde schließlich unter anderem deshalb aufgegeben, weil sich die Geheimhaltung nicht mehr länger durchhalten ließ.
Ich habe auch Themen aufgegriffen, die zwar nicht geheim, aber bis auf den heutigen Tag entweder praktisch unbekannt oder schon wieder vergessen sind, wie die Geschichten des »One way Spaceman« einer allen Ernstes geplanten Einweg-Mission zum Mond, ohne einer Möglichkeit der Rückkehr für den einsamen Raumfahrer oder die Story der Weltraumkanone »HARP«.
Soweit zum Begriff »Geheim« und seinem Verständnis und Gebrauch für den Zweck dieses Buches.
Und dann gab es bei meinen Recherchen noch einen überraschenden anderen Aspekt. Nachdem die Idee zu diesem Buch entstanden

Mit dem Projekt »Zond« wollten die Sowjets den Amerikanern am Mond zuvor kommen.

war, staunte ich, welch große Anzahl von Vorhaben es gibt, die unter die Kategorisierung »Geheimprojekte« fallen. Ich konnte auf Anhieb mehr als 30 Themen identifizieren, jede so spannend und detailreich wie die zehn Geschichten, die ich in diesem Buch erzähle. So musste ich notgedrungen für diesen Band eine Auswahl vornehmen und habe mich für eine bunte Mischung entschieden. Wir behandeln somit Themen, die inzwischen an die Öffentlichkeit gelangt sind und dort, wenngleich meist sehr lückenhaft und oberflächlich, schon

Das Weltraumflugzeug »Aurora«. Was ist aus ihm geworden?

diskutiert wurden und auch Themen, von denen die allermeisten von Ihnen noch nie etwas gehört und gelesen haben dürften.

Sollte das Interesse an den »Geheimprojekten« groß genug sein, dann werde ich weitere Themen aus diesem Fundus zu Papier bringen. Um Ihnen dafür jetzt schon den Mund ein wenig wässrig zu machen, habe ich dieses Vorwort mit einigen Bildern dieser weiteren Projekte ausgestattet.

Da gibt es die Story des »Lunnij Korabl«, des sowjetischen bemannten Mondlanders, der fertig entwickelt und im Weltraum getestet war. Da ist das Projekt »MOOSE«. Die Abkürzung steht für »Man out of space easiest«. Hier wurde nicht weniger vorgeschlagen, als einen Astronauten im Falle der Havarie seines Raumfahrzeugs praktisch aus dem Orbit »abspringen« zu lassen. Da ist die Geschichte des sowjetischen Zond-Programms, oder der projektierten »Apollo 18 Lunar Backside Mission« oder der bis auf den heutigen Tag supergeheimen Vorhaben Blackstar und Aurora. Dann gibt es die Technik und die Entwicklungsgeschichten der Spionagesatelliten CORONA; GAMBIT und HEXAGON. Sie wurde

erst vor kurzem enthüllt, ein halbes Jahrhundert nach dem Projektbeginn, und 20 Jahre nachdem der letzte von ihnen gestartet wurde.
Doch widmen wir uns jetzt den Themen des vorliegenden Buches. Es ist eine Mischung aus selbst heute noch fantastisch anmutenden Ideen und wenig bekannten realen Raumfahrzeugen. Mit einer Ausnahme war jedes dieser Projekte vom Hardware-Stadium entweder nicht mehr weit entfernt, oder es wurden bereits Prototypen gefertigt. Manches war schon in der Flugerprobung oder wurde im Geheimen tatsächlich bis zur Einsatzreife gebracht und eingesetzt.

Die Reihenfolge der Kapitel ist, wie meist in der Systematik der Typenkompasse, chronologisch. Das hier zeitlich am frühesten angesiedelte Vorhaben kommt zuerst, das Neueste der hier geschilderten Projekte kommt ganz hinten.
Und nun viel Freude bei der Lektüre unserer phantastischen Geheimprojekte. Wir schreiben das Jahr 1958, und die Vereinigten Staaten von Amerika sind in heller Aufregung, denn die Sowjets haben eben den ersten Erdsatelliten der Welt gestartet…

Ein Aufklärungssatellit des Typs »KH-9 HEXAGON« wird für den Start vorbereitet. Die Story dieser und anderer Aufklärungsprojekte ist erst seit kurzem bekannt.

Pilot und Caleb

Als die Sowjetunion am 4. Oktober 1957 völlig überraschend den ersten künstlichen Erdsatelliten startete, saß der Schock bei den Amerikanern tief. Zum einen betrachteten die USA dieses Ereignis als Angriff auf ihre nationale Sicherheit, denn von nun war die Sowjetunion potentiell in der Lage, mit den selben Raketen, welche den Sputnik in den Orbit gebracht hatte, auch jedes beliebige Ziel in den USA angreifen zu können. Zum anderen aber, und das schien den US-Politikern damals noch wichtiger, war das nationale Selbstwertgefühl schwer getroffen. Die USA waren technologisch, militärisch und propagandistisch durch einen bis dahin als eher rückständig betrachteten Agrarstaat auf einen beschämenden zweiten Rang verwiesen worden. Die Sowjetunion hatte einen Satelliten im Orbit. Die USA nicht. Diese nationale Schande musste schnellstmöglich getilgt werden. Um das zu erreichen gab es zwei Vorhaben, die in der Öffentlichkeit bekannt waren. Und eines, das erst ein Vierteljahrhundert später publik gemacht wurde.

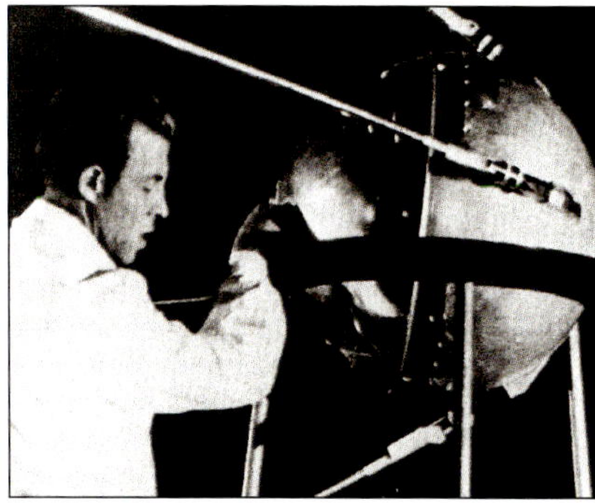

Ein sowjetischer Techniker arbeitet an Sputnik-1.

Ein Gedenkplakat zum 50. Jahrestag des ersten Sputnik-Starts.

Bereits vor dem Sputnik-Start existierte ein Vorhaben, mit dem die USA einen Satelliten in eine Erdumlaufbahn bringen wollte: Das Projekt Vanguard. Für dessen Durchführung dieses Vorhabens war eine »halbzivile« Forschungseinrichtung der Marine beauftragt, einen etwa drei Pfund schweren Erdsatelliten von der Größe einer Grapefruit in eine Erdumlaufbahn zu befördern.

Das Vanguard-Team glaubte sich in den Jahren 1956 und bis in den Sommer 1957 hinein unter keinem sonderlichen Zeitdruck. Die Sowjets hatten zwar mehrfach ebenfalls einen baldigen Satellitenstart angekündigt, doch glaubte niemand in den USA daran, dass ihnen das auch gelingen würde. Die Sache wurde als propagandistische Sprüchemacherei abgetan. Die einzige Terminvorgabe, die das Vanguard-Team glaubte, einhalten zu müssen, war die Laufzeit des »Internationalen Geophysikalischen Jahres«, dem man den Satelliten widmen wollte. Das dauerte, trotz seiner Kennzeichnung als »Jahr«, insgesamt 18 Monate und lief vom 1. Juli 1957 bis zum 31. Dezember 1958. Zeit genug also, glaubte man.

Der nur drei Pfund schwere, winzige Vanguard-Satellit, wird an der Spitze der gleichnamigen Trägerrakete befestigt.

Die Vorgeschichte

Die Leitung für das Projekt Vanguard lag beim Naval Research Laboratory (NRL) in Washington. Dieses Institut hatte zwar einen zivilen Namen unterstand aber indirekt dennoch dem Militär. Die Finanzierung kam von der nichtmilitärischen „National Science Foundation", die Überwachung des ganzen Vorhabens unterlag dennoch dem Verteidigungsministerium und innerhalb dieser Behörde der US-Navy.
Es gab noch ein zweites US-Team, das in den Startlöchern stand, um einen Erdsatelliten zu starten. Es handelte sich dabei um die Entwicklungsmannschaft der Armee-Rakete »Redstone«. Diese Einheit stand unter der Leitung von Dr. Wernher von Braun. Plan dieser Gruppe war es, mit einer stark modifizierten und mit drei Oberstufen versehenen Redstone mit der Bezeichnung »Jupiter C« einen Satelliten namens »Explorer« zu starten.
Den Zuschlag hatte aber nicht das von Braun-Team erhalten, sondern das Naval Research Laboratory. Deren Plan war es, eine modifizierte und mit mehreren Oberstufen versehene Höhenforschungsrakete des Typs »Viking« einzusetzen. Das schien dem »friedlichen« Zweck des Geophysikalischen Jahres angemessener zu sein. Obendrein konnte sich das NRL durch seinen verschachtelten organisatorische Aufbau nach außen hin als zivile Organisation darstellen. Die »Militärs« um Wernher von Braun, so befand man, hätten dem Ganzen einen zu wenig friedfertigen Anstrich gegeben. Im übrigen wollte man - das gab man allerdings nicht bekannt – die Details des doch ziemlich geheimen Waffensystems »Redstone« nicht in aller Öffentlichkeit ausbreiten.
Was danach kam, ist Geschichte. Projekt Vanguard war noch nicht im Entferntesten startbereit. In fliegender Hast versuchte man alle Zeitpläne zu kürzen um zumindest bis zum Ablauf des Jahres einen Orbitalstart hinzubekommen. Doch da kam der zweite Schlag: Nur vier Wochen nach Sputnik 1 startete Sputnik 2. Mit der Hündin Laika an Bord.
Der Satellit war über 500 Kilogramm schwer, 300mal schwerer, als der projektierte Vanguard-Minisatellit. Aus dem Schock in den USA wurde nun pure Hysterie.
Eine Steigerung der kollektiven Verzweiflung der Amerikaner schien jetzt kaum noch möglich zu sein, und war es doch. Am 6. Dezember 1958 unternahm das NRL einen überhasteten Versuch mit dem noch unausgereiften Träger. Die Rakete

Rechts: Vanguard 1 explodiert vor den Augen der entsetzten Nation.

hob einen Meter vom Starttisch ab, dann verlor sie Schub, stürzte auf die Startanlage zurück und explodierte vor den Augen der entsetzten Nation, die das Geschehen an den Fernsehgeräten verfolgte.

N.O.T.S. EV-1 »Pilot«	
Länge:	4,38 m
Durchmesser:	76 cm
Spannweite Flossen:	1,65 m
Flughöhe (geplant):	2.400 km
Antrieb 1. Stufe:	2 x HOTROC
Schub 1. Stufe:	126 kN
Brenndauer 1. Stufe:	5 Sekunden
Antrieb 2. Stufe:	2 x HOTROC
Schub 2. Stufe:	126 kN
Brenndauer 2. Stufe:	5 Sekunden
Antrieb 3. Stufe:	ABL X-241
Schub 3. Stufe:	12 kN
Brenndauer 3. Stufe:	36 Sekunden
Antrieb 4. Stufe:	NOTS-100
Schub 4. Stufe:	5 kN
Brenndauer 4. Stufe:	6 Sekunden
Antrieb 5. Stufe:	NOTS
Schub 5. Stufe:	765 N
Brenndauer 5. Stufe:	1 Sekunde

Projekt »Pilot« beginnt

Jetzt war rasches Handeln das Gebot der Stunde. Projekt »Explorer«, bislang zurückgehalten, bekam nun die Freigabe. Das Redstone-Team um Wernher von Braun sollte jetzt versuchen, schnellstmöglich einen Satelliten zu starten (was am 31. Januar 1958, weniger als zwei Monate nach der Freigabe, auch auf Anhieb gelang). Somit waren nun die Vorhaben Vanguard und Explorer die beiden offiziellen US-Satellitenprojekte. Mehr gab es nicht, zumindest nicht für die Öffentlichkeit. Nach dem Fehlschlag mit Vanguard 1 hielt man es aber zu Recht für möglich, dass auch Explorer scheitern konnte. Was, wie sich zeigte, keineswegs eine abwegige Vermutung war, denn Explorer 1 gelangte zwar in die Umlaufbahn, aber der nur wenige Monate später gestartete Explorer 2 scheiterte (ebenso wie der zweite Vanguard-Start).

So wurden im Geheimen und in Windeseile weitere Initiativen begonnen, um schnellstmöglich einen Erdsatelliten in den Orbit zu bringen. Dazu wurde eine Reihe von Regierungsorganisationen beauftragt, dieses Ziel unter Einsatz aller Mittel zu erreichen. Einen ernsten Versuch unternahm aber Ende aber nur eine.

Diese Organisationen, war die »Naval Ordnance Test Station«, besser bekannt unter dem Kürzel N.O.T.S. Das war eine Forschungsanstalt der Marine, die sich mit der Entwicklung luftgestützter Lenkwaffen mit Feststoffantrieben beschäftigte. Aufgrund dieser Erfahrungen war es keine Überraschung, dass der Entwurf von N.O.T.S. auf diesen Arbeiten aufbaute. N.O.T.S. schlug vor, eine fünfstufige Feststoffrakete mit einem kleinen Satelliten an der Spitze von einem Trägerflugzeug auf große Höhe bringen und dort abschießen zu lassen.

Die Marineführung, damals eben mit ihrem Vanguard-Vorhaben fürs erste gescheitert, gab die sofortige Freigabe für ein maximal beschleunigtes Entwicklungsvorhaben, um die Ehre ihrer Waffengattung doch noch zu retten. Das Vorhaben bekam die Bezeichnung »Pilot«. Bei den Ingenieuren und Technikern war das Vorhaben damals aber eher unter der etwas ironischen Bezeichnung »N.O.T.Snik« bekannt, eine Zusammenziehung des Begriffes N.O.T.S. (für die durchführende Organisation) und Sputnik (den es schließlich einzuholen galt). Es gab auch noch eine technische Bezeichnung, die aber zunächst keinen sonderlichen Gefallen fand: „N.O.T.S EV-1“, Sie wurde nur selten verwendet. Erst als später das Vorhaben »Pilot« in das Projekt »Caleb« überging, verwendete man auch diesen Begriff häufiger.

Projekt »Pilot« wurde im Januar 1958

Douglas F4D-1 Skyray mit »Pilot«-Rakete.

genehmigt. Standort war die »Naval Ordnance Test Station« am China Lake in Kalifornien, einem der großen Trockenseen der Mojave-Wüste. Die Gegend ist selbst für heutige Begriffe noch recht abgelegen. Damals aber lag sie aber buchstäblich am »Ende der Welt« und war dementsprechend gut von der Öffentlichkeit abgeschirmt.

Selbst heute ist dieses Gelände nicht ohne weiteres für die Öffentlichkeit zugänglich, denn dort befindet sich – seit 1943 - die »Naval Air Warfare Center Weapons Division«, das Waffentestzentrum der US-Marineflieger. Dort wird heute (wie damals) in der Militärforschung gearbeitet, mit dem Schwerpunkt auf der Entwicklung neuer Lenkwaffen.

Erste Produkte kamen schon während des 2. Weltkriegs vom China Lake. Damals waren es kleine, ungesteuerte Raketen für Luftkampf und Bodenangriffe. Ende der 50er-Jahre waren bereits sehr viel fortgeschrittenere Entwicklungen im Gange. Das bekannteste Waffensystem aus diesen Tagen ist wohl die AIM-9 Sidewinder Luft- Luft-Rakete, die in vielfach verbesserter Version immer noch im Einsatz ist.

Auf Grundlage der bereits existierenden Raketentreibsätze und anderer verfügbarer Komponenten begann das Vorhaben schnell Fahrt zu gewinnen. Der Plan bestand darin, das N.O.T.S.nik-Vehikel unter dem Rumpf eines Douglas F4D-1 »Skyray« Kampfflugzeuges auf große Höhe zu bringen und dort abzuwerfen. Gleich darauf sollten die Raketenmotoren für den Trip in den Orbit feuern.

Die Rakete war dafür ausgelegt, von der Skyray bei einer Geschwindigkeit von 725 Kilometern pro Stunde, in einer Höhe von 12.500 Metern und bei einem Steigwinkel von 50 Grad freigegeben zu werden. Sowohl die erste als auch die zweite Stufe bestanden jeweils aus zwei HOTROC Feststoffmotoren, die vom Marschtriebwerk des raketenbetriebenen, atomaren Goodyear UUM-44 SUBROC Anti-U-Boot Torpedos stammten. Die Treibsätze zündeten erst drei Sekunden nach der Freigabe der Rakete vom Trägerflugzeug, um diesem einen Sicherheitsabstand zu geben. Die Brenndauer des HOTROC betrug ganze sechs Sekunden. Dann folgte eine 12 Sekunden lange ballistische Freiflugphase, an deren Ende das zweite HOTROC-Paar gezündet wurde, die seinerseits wiederum sechs Sekunden lang in Betrieb war.

Zum Zeitpunkt, an dem der zweite Treibsatz ausgebrannt war, hatte N.O.T.S.nik schon eine Höhe von 80 Kilometern erreicht. Das gemeinsame Strukturgehäuse mit den insgesamt

Die Treibsätze der Erststufe von »Pilot« wurden vom Subroc-Atomtorpedo übernommen.

vier Treibsätzen wurde nun abgeworfen und die dritte Stufe zündete. Er bestand aus einem ABL X-241 Feststoffmotor, der für 36 Sekunden in Betrieb war. Danach zündete die vierte Stufe für knapp sechs Sekunden. Zu diesem Zeitpunkt hätte das verbleibende Vehikel im Idealfall bereits eine elliptische Umlaufbahn mit einem sehr niedrigen unteren Bahnpunkt erreicht. Dieser Orbit hätte dann mit dem Motor der fünften Stufe, einem nicht einmal zehn Zentimeter durchmessenden kugelförmigen Treibsatz, beim Erreichen des Scheitelpunktes der Bahnellipse in einen kreisförmigen Orbit überführt werden sollen. Die Brenndauer des Kleintriebwerks betrug dabei nur eine einzige Sekunde.
Die Berechnungen hatten ergeben, dass diese Kombination von Raketenstufen, zusammen mit der vom Trägerflugzeug erreichten Absetzhöhe, Geschwindigkeit und Steigwinkel ausreichen sollten um einen sehr kleinen Satelliten von einem Kilogramm Gewicht auf eine annähernd kreisförmige Umlaufbahn in einer Höhe von 2.250 Kilometern zu bringen. Das waren auch ziemlich genau die Anforderungen, die der Anfang Dezember 1957 so spektakulär gescheiterte Vanguard-Start hätte erfüllen sollen.
Die »Pilot«-Nutzlast beinhaltete eine kleine Infrarot-Kamera, die Aufnahmen von der Erdoberfläche machen oder Wetterdaten sammeln sollte. Ein kleiner Sender sollte diese Daten zur Erde zurücksenden.
Das N.O.T.S.nik-Konzept wurde möglichst einfach gehalten. Dazu gehörte die Verwendung von Feststoff-Treibsätzen, die man für zuverlässiger hielt als die komplexen flüssigkeitsbetriebenen Raketen, welche bei den anderen Trägerkonzepten Anwendung fanden. N.O.T.S.nik verzichtete außerdem vollständig auf aktive eine Steuerung, da eine solche Vorrichtung die Komplexität des Gesamtsystems und das Gewicht erhöht und viel von dem vorhandenen Raum in Anspruch genommen hätte.
Das Vehikel wurde stattdessen für die anfängliche Flugphase in den tieferen Schichten der Erdatmosphäre einfach mit Stabilisierungsflossen versehen. Es wurde kein Versuch unternommen, irgendeine exakte orbitale Bahnneigung anzusteuern. Jeder beliebige erreichte Orbit wäre recht gewesen. Der Verzicht auf Flüssigkeitstriebwerke und das Flugkontrollsystem hatte zur Folge, dass das Trägerfahrzeug keinerlei bewegliche Teile aufwies.

Beginn der Flugversuche

Trotz seiner Einfachheit krankte N.O.T.S.nik an dem Problem, dass hier viele zusammen gewürfelte Komponenten in großer Hast zu einem neuen System integriert wurden. Die ersten Flugversuche begannen bereits Anfang Juli 1958. Dies waren Erprobungen der ersten und zweiten Stufe vom Boden aus. Die dafür eingesetzten Raketen trugen die Bezeichnung »Pilot-1«. Beide scheiterten spektakulär, als die Treibsätze unmittelbar nach dem Verlassen der Startschiene explodierten.
Nur wenig später wurden zwei weitere Bodentests unternommen. Sie scheiterten ebenfalls innerhalb von vier Sekunden nach Verlassen der Startanlage. In diesen beiden Fällen kam es zu Strukturbrüchen der Stabilisierungsflossen.

Die »Pilot«-Rakete vor einem Bodenstartversuch.

Trotz des wenig erfolgversprechenden Beginns wurde am 25. Juli der erste Start von der »Skyray« versucht. Ein zweiter Start erfolgte am 25. Juli und bis Ende August wurden vier weitere Abschüsse durchgeführt. Bei diesen Versuchen startete die F4D-1 vom N.O.T.S.-Flugfeld im kalifornischen Provinznest Inyokern, das noch heute existiert. Sie flog dann zur Marinestation von Point Mugu, wo es entlang der Küste eine Messstrecke im Santa Barbara-Kanal gab. Von dort aus wurden die Abschüsse in südlicher Richtung vorgenommen, um in etwa eine polare Umlaufbahn anzusteuern.

Von den sechs orbitalen Startversuchen schlugen vier schon Sekunden nach dem Abwurf fehl. In allen vier Fällen explodierte das N.O.T.S.nik-Vehikel entweder sofort nach der Zündung, oder die erste Stufe zündete erst gar nicht und die Rakete fiel in den Pazifik. Das Schicksal des ersten Starts am 25. Juli und der dritten Mission am 22. August konnte aber nie definitiv geklärt werden. Beide Raketen stiegen innerhalb von Sekunden aus dem Sichtfeld des Startflugzeugs und der F-86 Begleitjets und schienen einwandfrei zu funktionieren. Leider brach in beiden Fällen kurz nach der Zündung

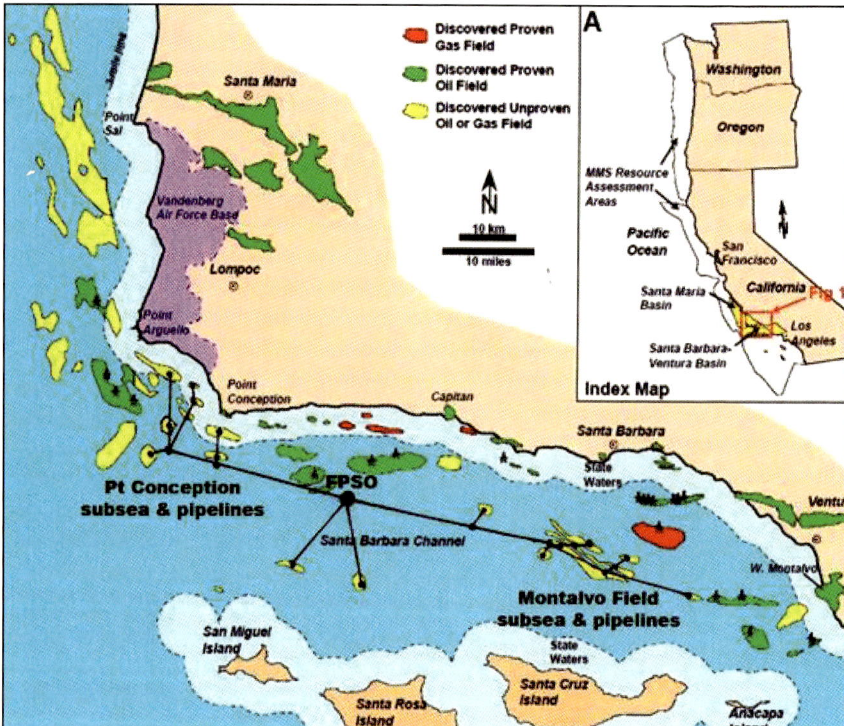

Der Verlauf der hier im Santa Barbara Channel eingezeichneten Pipeline entspricht in etwa der »Pilot«-Messstrecke des Jahre 1958.

Der N.O.T.S.nik-Satellit war kaum größer als eine Dose Schuhcreme und wog gerade ein Kilogramm.

die Funkverbindung ab. Während also einer oder vielleicht sogar beide »Pilot«-Nutzlasten den Orbit erreicht haben mochten und damit zu einem von Amerikas ersten Satelliten wurden, konnte der Erfolg oder Misserfolg nie bestätigt werden.
Der einzige mögliche Hinweis auf einen Erfolg kam von einer Radio-Trackingstation im neuseeländischen Christchurch. Dort wurde kurz nach dem Start am 22. August ein sehr schwaches Signal registriert, und zwar genau zu den Zeiten, an denen der Minisatellit der N.O.T.S.nik-Raketen beim ersten und dritten Umlauf Neuseeland hätte überfliegen müssen. Das Signal konnte in weiteren Umläufen jedoch nicht mehr bestätigt werden und man nimmt heute an, dass es eher von einer anderen Quelle kam.

Aus »Pilot« wird »Caleb«

Die Misserfolge führten dazu, dass alle weiteren N.O.T.S.nik-Starts abgesagt wurden. Im August 1958 wurde das Projekt »Pilot« eingestellt. Doch nur wenig später wurde es aus der Asche seines Vorgängers wiedergeboren. Nun trug es die Bezeichnung »Caleb«. Mit dem neu aufgesetzten Vorhaben sollte die Möglichkeit getestet werden, »rapid reaction« Aufklärungssatelliten mit einer vom Flugzeug aus gestarteten Rakete in den Orbit zu bringen. »Rapid-reaction« bedeutete, einen Satelliten als Antwort auf eine aktuelle Bedrohungslage mit extrem kurzen Vorbereitungszeiten in den Weltraum zu bringen. Nachdem sich N.O.T.S.-EV-1 als notorisch unzuverlässig erwiesen hatte, war eine verbesserte Rakete notwendig, welche die Bezeichnung N.O.T.S. EV-2 bekam.
Genauso wie »Pilot« sollte auch »Caleb« von einem Flugzeug aus gestartet werden. Und

Eine »Caleb« in ihrer Inkarnation als »Hi-Hoe-Höhenforschungsrakete«.

genau wie dieser war er ebenfalls vierstufig ausgelegt. Der problematische HOTROC Booster wurde nun entfernt. Stattdessen wurde eine von N.O.T.S selbst entwickelte Erststufe mit der Bezeichnung N.O.T.S.-500 eingesetzt. Als Zweitstufe kam eine ABL X-248 zum Zuge, als Drittstufe ein N.O.T.S.-100A Aggregat und die vierte Stufe bildete wie schon zuvor bei »Pilot« der kleine kugelförmige N.O.T.S.-Viertstufenmotor.
Nach einigen Abschüssen vom Boden aus fand der erste Testflug, lediglich mit einer aktiven Erststufe (die anderen drei Stufen waren Dummies), am 28. Juli 1960 statt. Dabei wurde dieselbe F4D-1 Skyray verwendet, die schon für die »Pilot«-Tests eingesetzt worden war. Der Start war erfolgreich. Im Oktober fand ein weiterer Flug statt, diesmal mit zwei aktiven Stufen. Die erste funktionierte erneut, aber die

Boeing B-52 mit Pegasus-Satellitenträger.

zweite Stufe zündete nicht.
Die Dinge liefen also halbwegs erfolgreich an, aber nun musste Projekt »Caleb« urplötzlich eingestellt werden. Das Vorhaben war in das Kreuzfeuer der Luftwaffe geraten, da innerhalb der US-Streitkräfte seit Beginn der 60er-Jahre die Air Force das »Monopol« für Satellitenstarts hatte und eifersüchtig darauf achtete, dass jegliche Raumfahrtbemühungen der Navy und der Army unterbunden wurden.
Doch die Projektmanager hatten in der Zwischenzeit schon Routine, totgesagte Projekte weiterleben zu lassen. Nach einer nur kurzen Unterbrechung wurde es als Höhenforschungsvorhaben unter der Bezeichnung »Hi-Hoe« weitergeführt.
So waren die »Calebs« ab dem 5. Oktober 1961 erneut im Einsatz. Bei diesen Flügen wurde erstmals ein leistungsstärkeres Absetzflugzeug eingesetzt, nämlich eine doppelt überschallschnelle F4B- Phantom II. Die ersten beiden Flüge waren erfolglos, weil jedes mal die Oberstufen nicht zündeten, aber beim dritten Einsatz, am 26. Juli 1962, erreichte die »Caleb«

Eine N.O.T.S.-EV-2 »Caleb« wird für einen Bodentest vorbereitet.

eine sensationelle Höhe von 1.167 Kilometern.

Caleb als Anti-Satellitenwaffe

Diese enorme Höhenleistung weckte sofort Begehrlichkeiten. Und so wurde in diesen Jahren

Das »Stratolaunch«-Trägerflugzeug wird eine Spannweite von 117 Metern aufweisen.

noch eine andere Variante des N.O.T.S.nik-Konzeptes getestet: der Einsatz der »Caleb« als Antisatelliten-Waffe. Diese Tests wurden als das »Satellite Interceptor Program« (SIP) bekannt. Zwei N.O.T.S. EV-2 wurden für Bodentests in Hinblick auf eine mögliche Verwendung als Antisatelliten-Lenkwaffen umgerüstet. Die Versuche wurden im Oktober 1961 und im Mai 1962 auf der Insel San Nicolas (auch sie gehört zu den Kanalinseln vor Santa Barbara) durchgeführt. Offensichtlich waren die Tests damals erfolgreich. Details dazu wurden aber nicht bekannt.

Das Vermächtnis von Pilot und Caleb

Was den frühen Versuchen mit »Pilot« und »Caleb« versagt blieb, nämlich einen Erdsatelliten in eine Umlaufbahn zu bringen, gelang erst am 5. April 1990, als eine Boeing B-52 eine vierstufige Pegasus-Rakete absetzte, die danach mit einem Navy-Satelliten erfolgreich einen Erdorbit erreichte.
Womöglich kommt für die Startmethode á la »Pilot« und »Caleb« die ganz große Zeit erst noch. Die Zeichen deuten darauf hin.
Sechzig Jahre nachdem man es zum ersten Mal damit versuchte haben prominente Raumfahrtunternehmer einen Vorstoß in diese Richtung gewagt. Das neue Projekt trägt die Bezeichnung »Stratolaunch«. Finanziert von Microsoft-Gründer Paul Allen, gebaut von Burt Rutans Scaled Composites mit einer Rakete vom SpaceX-Inhaber Elon Musk. Ein gewaltiges Trägerflugzeug soll für den Abwurf eines ebenso gewaltigen, mehr als 200 Tonnen schweren Boosters geschaffen werden. Dieses Trägerflugzeug wird eine Spannweite von 117 Meter aufweisen. Beladen, inklusive des voll betankten Satellitenträgers, wird es über 540 Tonnen auf die Waage bringen. Dieses gewaltige Flugzeug wird von sechs Triebwerken in der Leistungsklasse von 200 KiloNewton angetrieben. Der Erstflug des Trägerflugzeugs wird derzeit für 2015 angesetzt. Der erste Orbitalstart einer »Stratolaunch«-Rakete könnte dann bereits 2016 erfolgen.
Die Projekte »Pilot« und »Caleb«, die diese Entwicklung möglich gemacht haben, wurden erst im Jahre 1984 aus der Geheimhaltung entlassen und der Öffentlichkeit vorgestellt. In der Standortgeschichte der Naval Ordnance Station am China Lake werden sie bis heute mit

X-20 »Dyna -Soar«

Tief im atombombensicheren Silo, weit unter der Erdoberfläche heult die Alarmsirene. Ein Astronaut in silbern glänzendem Raumanzug hastet vom Bereitschaftsraum zum White Room, greift nach der Haltestange über der Luke, und schwingt sich, Füße voraus, in das Cockpit. Die Mechaniker der Bodencrew verbinden die Anschlüsse seines Anzugs mit dem Raumfahrzeug und überprüfen, ob er richtig in seinem Schleudersitz festgeschnallt ist. Dann schließt der Pilot die Luke über sich. Der tonnenschwere Deckel über dem Schacht schiebt sich zur Seite und Sekunden später donnert die Titan II aus dem Silo und startet den Dyna-Soar-Weltraumbomber zu seiner interkontinentalen nuklearen Kampfmission.

Start der X-20 »Dyna-Soar« an der Spitze einer Titan II-Rakete. Künstlerische Darstellung.

Das war in etwa das Bild, wie sich die Väter des Dyna-Soar den ultimaten Einsatzzweck ihres Vehikels vorstellten. Doch bis dahin war es ein langer Weg, und ganz dahin kam es am Ende auch nicht. Doch beginnen wir von vorne.
Die Geschwindigkeit der technologischen Entwicklung auf dem Gebiet der Luftfahrt in den letzten Jahren des zweiten Weltkriegs und in der ersten Zeit danach ist ohne Beispiel. Innerhalb weniger Jahre wurde der Überschallflug Routine. Die Dienstgipfelhöhen der Flugzeuge verdreifachten sich, neue Antriebsmethoden ließen die Kolbenmotoren zurück im Zeitalter der Gebrüder Wright, und neue Materialien wurden eingesetzt.
Bereits Anfang der 50er-Jahre begannen sich Entwürfe für Hyperschallflugzeuge herauszukristallisieren. Das erste in die Realität umgesetzte Produkt dieser Überlegungen war die North American X-15, die gegen Ende des Jahrzehnts flog.
Die US-Luftwaffe führte kurz nach dem Krieg einige Studien durch, die auf der Arbeit von Eugen Sänger und dessen Mitarbeiterin und späterer Ehefrau Irene Bredt basierten. Die beiden hatten eine Art »Raumgleiter« entworfen. Dieses Vehikel war eine Mischung aus Flugzeug und Raumschiff, das sie in den Kriegsjahren als »Amerikabomber« bezeichneten. Nach dem Krieg firmierte er zunächst unter der Bezeichnung »Silbervogel«. Als die Zeiten im Kalten Krieg wieder militaristische wurden, und als es galt, die Idee den Amerikanern zu verkaufen, bezeichneten sie ihr Fluggerät als den »Antipoden-Bomber«, weil er in der Lage sein sollte, um den halben Planeten herumzufliegen.

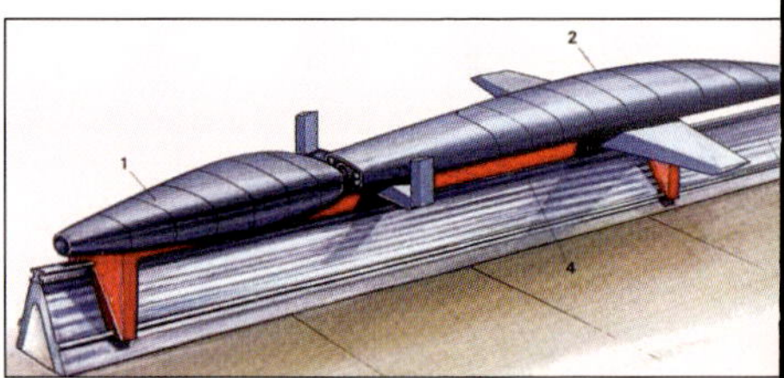

Die Funktionsweise des Fluggerätes war wie folgt: Zunächst sollte es eine erste Startbeschleunigung durch einen Raketenschlitten erfahren, und zwar auf einer drei Kilometer langen Mono-Schiene. Am Ende dieser Beschleunigungsstrecke hätte das Fahrzeug dann nahezu Schallgeschwindigkeit erreicht. Jetzt sollte es seine Bordtriebwerke zünden und auf eine flache suborbitale Bahnparabel mit einem Scheitelpunkt von etwa 160 km steigen. Die erreichbare Geschwindigkeit hatten Sänger und Bredt mit 22.000 Kilometer pro Stunde ermittelt.
Am absteigenden Arm der Bahnparabel wäre der Silbervogel wieder auf die oberen Schichten der Erdatmosphäre getroffen und durch die besondere Formgebung des Fluggerätes wäre es dann, ähnlich einem flachen Stein, der über eine Wasseroberfläche geworfen wird, wieder nach oben zurückgeprallt. Damit hätte sich ein wellenartiges Flugprofil ergeben. Das Fluggerät wäre in wegen der Einwirkung des Luftwiderstandes immer kleiner werdenden flachen Parabeln in die Atmosphäre eingetaucht und wieder herausgeglitten, und hätte in der Folge mehr als 20.000 Kilometer zurückgelegt.
Sänger und Bredt errechneten, dass der »Silbervogel« in der Lage sein sollte, den Atlantik zu überqueren, eine 300-kg-Bombe über dem amerikanischen Kontinent abzuwerfen (oder eine Aufklärungsmission durchzuführen) und dann seinen Flug bis zur Landung irgendwo im japanischen Teil des Pazifiks fortzusetzen – eine Reise von insgesamt 24.000 km.
Diesen Flugzustand des Eintauchens und Abprallens auf der oberen Atmosphäre bezeichneten sie als »dynamisches Gleiten«. Die Amerikaner übersetzen das wörtlich ins Englische: »Dynamic soaring«. Ein Fluggerät, das diese Art dynamisches Gleitens bewerkstelligen könnte, sollte demzufolge ein: »Dyna-Soar« sein.

Links:
Der »Antipodenbomber«, auch »Silbervogel« genannt, sollte durch einen Raketenschlitten gestartet werden.

Der »Antipodenbomber« gleitet um die Erde.

Vorgeschichte

Das Konzept wurde aber als so weit seiner Zeit voraus betrachtet, dass man sechs Jahre lang nichts mit den deutschen Unterlagen unternahm, sieht man einmal von einer Studie der Rand Corporation aus dem Jahre 1946 ab. Rand untersuchte die Machbarkeit des Sänger-»Silbervogels«, stellte ebenfalls fest, dass sich das Konzept außerhalb der technischen Möglichkeiten der absehbaren Zukunft bewegte und legt es wieder ad acta.
Das Interesse an diesen und ähnlichen Konzepten stieg aber schlagartig mit der Detonation der ersten sowjetischen Atombombe und mehr noch nach dem Ausbruch des Koreakrieges. Ein Gefühl der Verletzbarkeit breitete sich in den USA aus und in dessen Folge änderte sich auch die Einstellung zur Realisierbarkeit bislang als nicht realisierbar betrachteter Projekte.
Das erste dieser Vorhaben war ein Entwurf aus dem Jahre 1952, eine zweistufige Kreuzung aus Bomber und Lenkwaffe mit der Bezeichnung BoMi (Bomber Missile). Es bestand aus einer

Ein Modell des BoMi-Konzeptes von Bell aus dem Jahre 1953.

unbemannten Unterstufe und einem bemannten Hyperschall-Fluggerät, welche die eigentliche Lenkwaffe in Zielnähe bringen sollte. Dieses Hybrid-Vehikel konkurrierte mit den großen unbemannten ersten Cruise-Missiles seiner Zeit, wie etwa der Shrike, der X-10 oder der Navaho, die sich alle zu dieser Zeit gerade in Entwicklung befanden.
Um das Jahr 1955 fand die US-Luftwaffe, dass es eine gute Idee wäre, BoMi in einen Aufklärer zu verwandeln. Diese Version trug die Bezeichnung »Brass Bell« und Bell erhielt dafür im März 1956 einen Auftrag über 746.000 Dollar, um das Projekt in Angriff zu nehmen. Zum damaligen Geldwert eine enorme Summe. Dahinter stand die Idee, eine modifizierte Atlas-Interkontinentalrakete als Booster zu verwenden, und die bemannte »Brass Bell« obendrauf zu setzen. Dies würde dem Vehikel eine Geschwindigkeit von 5,4 Kilometer pro Sekunde verleihen, eine Flughöhe von 50 Kilometern und eine Reichweite von knapp 9.000 Kilometern. Bei der Verwendung zweier Booster, die parallel betrieben werden sollten, hätte sich die Geschwindigkeit auf 6,7 Kilometer pro Sekunde und die Reichweite auf 18.500 Kilometer erhöht.
Nachdem nun aus BoMi ein Aufklärer geworden war, war die Bomber-Rolle wieder frei und die US-Luftwaffe schrieb kurz vor Weihnachten 1955 das Vorhaben RoBo (für Rocket Bomber) aus. Dafür gaben Boeing, Convair, Douglas, McDonnell, North American und Republic Angebote ab. Die meisten der Firmen steckten erhebliche Eigenmittel in das Vorhaben, Douglas beispielsweise über eine Million Dollar. Das entspricht etwa 20 Millionen Dollar nach heutigem Geldwert. Am Ende bekamen North American, Douglas und Convair Studiengelder der US-Luftwaffe. Douglas erhielt 374.000 Dollar, Convair 245.000 Dollar und North American 240.000 Dollar. Die einzelnen Bewerber boten zum Teil selbst aus heutiger Sicht hochexotische Lösungen an, die von atomar betriebenen Trägern bis zum Einsatz extrem giftiger (aber äußerst energiereicher) Treibstoffe auf Fluor-Basis reichte.
In der Zwischenzeit war »Brass Bell« soweit

gediehen, dass ein vorbereitendes Technologie-Programm gestartet werden konnte. Dieses Programm trug die Bezeichnung HYWARDS (für: Hypersonic Weapons Research and Development System).
Bald erkannte die Luftwaffenführung, dass in die langsam etwas verwirrende Vielzahl von Einzelvorhaben eine klare Linie gehörte und so wurden die größten drei Vorhaben (RoBo, Brass Bell and HYWARDS) am 10. Oktober 1957 zu einem einzelnen Programm namens Dyna-Soar zusammengefasst. Dieses

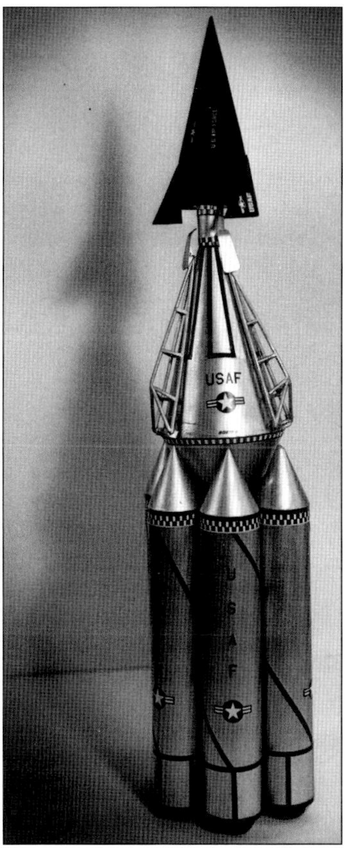

Der ursprünglich von Boeing angebotene Dyna-Soar Vorschlag.

Programm sollte in ein vielseitig einsetzbares System münden, das mit Basis-Studien begann, danach in ein Entwicklungsprogramm überging, und schließlich eine operationelle Aufklärerrolle übernehmen und am Ende Orbitalflugfähigkeiten haben sollte.
Die Endversion des Dyna-Soar, nach damals vier geplanten Iterationen, wäre dann irgendwann in den frühen 70er-Jahren das »Dyna MOWS« (Manned Orbital Weapons System) gewesen. Mit diesem Fluggerät hätte man dann den kompletten Umfang aller geplanten Mission abgewickelt: Versorgung von Raumstationen, Inspektion von Satelliten, Aufklärung, Forschung und Militärische Operationen aus dem Weltraum, wobei man letzten Aspekt unverhohlen als das bezeichnete, was man damit auch beabsichtigte: »Orbital Bombing« mittels Nuklearwaffen.

Die Auswahl des Hauptauftragnehmers

Die Air Force betrachtete zwölf Unternehmen als potentiell geeignet, für dieses Programm anzubieten und lud sie dazu ein. Neun boten am Ende tatsächlich an. Bei ihrer Auswertung unterschied die Luftwaffe dabei in Vorschläge, bei denen das Vehikel in 120 Kilometern Höhe auf Orbitalgeschwindigkeit beschleunigt wurde und ihr Ziel der globalen Reichweite einfach dadurch erreichten, dass sie auf einem niedrigen Orbit die Erde umkreisten. Diese Vorschläge wurden als »Satelloid Proposals« bezeichnet. Und dann gab es die Gruppe der suborbitalen Fahrzeuge, welche nicht ganz Orbitgeschwindigkeit erreichten und in einer Höhe von 90 Kilometern um den Planeten »herumgleiten« sollten. Dies waren die »Boost-Glide Proposals«, die »richtigen« Dyna-Soars. Bei den »Satelloid Proposals« boten Republic, Lockheed und North American an. Das Interessanteste hier war vielleicht der Vorschlag von North American, die eine orbitfähige, zweisitzige X-15 anboten, die als »X-15B«

bezeichnet wurde. Bei den Boost-Glide Lösungen, welche die Luftwaffe bevorzugte, waren Douglas, McDonnell, Convair, Bell, Boeing und Northrop mit im Rennen.
Das Auswahl-Gremium fand die Angebote von Bell und Boeing am attraktivsten, denn sie versprachen die gesamte Bandbreite des Leistungsspektrums vom schnellen Gleitflug in niedrigst möglicher Höhe bis zum Orbiteinsatz in einem einzigen Fahrzeug.
Boeing bot allerdings eine passiv gekühlte Struktur an, die besser bewertet wurde als Bells aktiv gekühlter Design. Beide Firmen erhielten daraufhin einen Einjahresvertrag über je neun Millionen Dollar, in dem sie ihre jeweiligen Entwürfe verbessern konnten. Danach sollte die endgültige Entscheidung gefällt werden.
Während dieser Studienphase geschah erstaunliches. Boeings Entwurf, der zunächst überall mit Flossen und Finnen dekoriert war, als sei es ein Buck-Rodgers Raumschiff sah am Ende dem Bell-Gleiter zum Verwechseln ähnlich. Die Konfiguration die Boeing im Jahre

Windkanal-Modelle des ursprünglichen Boeing-Entwurfs.

1958 vorgeschlagen hatte, war im Prinzip eine Art vielflächiges Dreieck mit einem Diamant-Querschnitt. Dies sollte eine bessere Verteilung der thermischen Lasten ermöglichen.

Boeing erkannte bald, dass die Seitenflossen nicht länger haltbar waren und verschwinden mussten. Als im Juni 1959 die Überarbeitungen abgegeben wurden, waren die beiden konkurrierenden Entwürfe praktisch nicht mehr voneinander zu unterscheiden, sieht man einmal davon ab, dass der Entwurf von Bell einen ausgefeilteren Doppeldelta-Flügel Flügel aufwies.
Gegen Ende des Jahres 1957 hatte die Firma Bell unbestritten die mit Abstand beste Expertise auf dem Gebiet hypersonischer Fluggeräte konzentriert. Seit Anfang der 50er-Jahre hatte das Unternehmen Millionen von Dollar an Eigenmittel und über zwei Millionen Dollar an Regierungsgeld in Hyperschall-Vorhaben gesteckt. Dabei waren über vier Dutzend technischer Dokumente entstanden und grundlegende Arbeiten auf materialtechnischem Gebiet geleistet worden. Aufgrund dieser Voraussetzung hätte es eigentlich nur eine Wahl für den Auftrag des Dyna-Soar geben dürfen: die Firma Bell Aircraft. Es war ein Schock für Bell, als schließlich Boeings Entwurf ausgewählt wurde. Diese Entscheidung war der Anfang vom Ende des Traditionsunternehmens Bell.
Das Pentagon sah die Sache allerdings ein wenig anders. Es betrachtete Bell mehr als innovatives Konstruktionsbüro für Prototypen und weniger als leistungsfähigen Industriebetrieb. Obwohl Bell den ersten amerikanischen Jet überhaupt gebaut hatte, und später auch die X-1, also jenes Flugzeug, mit dem Chuck Yeager die Schallmauer durchbrach, hatte das Unternehmen doch seit Jahren schon keinen Produktionsauftrag für ein bemanntes Flugzeug mehr gewonnen. Dagegen baute Boeing Raketen und Flugzeuge in ungeheuren Mengen und zog alle paar Monate neue Verträge an Land.

Dyna-Soar nimmt seinen Anfang

Am 9. November 1959 wurden die Gewinner der Ausschreibung bekannt gegeben. Zu diesem Zeitpunkt hatte der Auftraggeber, also die US-

Luftwaffe, das Programm schon in drei Phasen unterteilt: Die suborbitalen Tests in Phase 1, die Orbitaltests in Phase 2 und die Tests des einsatzfähigen Waffensystems schließlich in Phase 3.
Die Wahl der Titan C als Booster für die Phase 2 war ein Streitpunkt. Es handelte sich dabei um eine Titan II, die mit einer leistungsfähigen neuen Oberstufe ausgerüstet werden sollte, die mit flüssigem Sauerstoff und flüssigem Wasserstoff arbeitete. Obwohl Aerojet das Triebwerk in Sacramento bereits testete war die Regierung Eisenhower nicht sonderlich daran interessiert, schon wieder eine neue Trägerrakete ins Inventar zu bekommen. Die Richtung ging damals gerade zur Vereinheitlichung der Träger. So wurde die Produktion der Titan I genehmigt und die Entscheidung für den Träger der Phase II vertagt.
Der Entwicklungsvertrag für die Hardware wurde im April 1960 unterzeichnet. Während die Arbeiten am Raumgleiters bei Boeing voran gingen änderte sich die Konfiguration der Trägerrakete. Im Januar 1961 wurde entschieden, statt der Titan I die Titan II für die suborbitalen Flüge zu verwenden. Im Juli 1961 schwenkte man auf das neue »Space Launching System« der Luftwaffe um, aber schon drei Monate später wurde das wieder verworfen, und nun war die Titan III der Träger der Wahl für die Orbitflüge. Nochmal einen Monat später wurde entschieden, auch die Titan II aufzugeben und alle Starts des Dyna-Soar nur noch mit der Titan III allein zu unternehmen.

Das Vorhaben sollte in drei Phasen abgewickelt werden:

- Phase 1 sah die Entwicklung eines Hyperschall-Versuchsfluggerätes vor, das in seiner ersten Version durch einen einstufigen Booster auf eine Höhe von 100 Kilometer und eine Geschwindigkeit von 5,5 Kilometern pro Sekunden transportiert worden wäre. Diese Geschwindigkeit wäre später im Programm durch die Einführung einer zweiten Boosterstufe erhöht werden. Den raketenbetriebenen Flügen sollten Gleitflugtests für Anflug- und Landeversuche vorausgehen. Dafür sollte der Dyna-Soar Prototyp von einem B-52 Trägerflugzeug abgeworfen worden.
  Der ursprünglich vorgesehene Zeitplan sah so aus, dass die Drop-Tests im März 1963 beginnen sollten. Im Jahr darauf waren angetriebene Flüge mit lediglich der ersten Booster-Stufe geplant. Ende 1965 sollten die ersten orbitnahen Flüge mit zwei Antriebsstufen erfolgen. In dieser Phase sollte das Projekt Dyna-Soar das 1957 gerade geplante Vorhaben HYWARDS ersetzen und in Zusammenarbeit mit der NACA (der Vorläuferorganisation der NASA) durchgeführt werden.

- In Phase 2 sollte auf den Grundlagen von Phase 1 ein bemanntes hypersonisches Aufklärungsvehikel entwickelt werden und in dieser Funktion Brass Bell ersetzen. Es würde auf der Produktionsversion aus Phase 1 aufsetzen und sollte in der Lage sein, den Gleiter in einer Höhe von 52 Kilometern auf 5,5 Kilometer pro Sekunde zu beschleunigen. Von dort aus würde er mit hypersonischer Geschwindigkeit über eine Distanz von 10.200 Kilometern fliegen.
  Aufgabe des Piloten wäre es, die Funktion der Aufklärungsausrüstung an Bord zu überwachen. Die sollte aus einer hochauflösenden Kamera bestehen, einem Seitensichtradar sowie ELINT-Sensoren.
  Die Abwurftests mit Dyna-Soar II sollten im Januar 1966 beginnen. Erste Tests mit dem Booster Ende 1967. Der Einsatz als operationelles Waffensystem sollte Mitte 1969 erfolgen.
  Es war vorgesehen, dass die Dyna-Soar II Anfang der 70er-Jahre die A-12

Aufklärungsflugzeuge ersetzen sollte. Man nahm an, dass die sowjetische Waffentechnik zu diesem Zeitpunkt so weit fortgeschritten war, dass die A-12 nicht mehr einsetzbar sein würde. Die Dyna-Soar II hätte auch mit einer Interims-Fähigkeit als Nuklearwaffenträger ausgestattet werden können, wenn überraschende Fortschritte der Sowjetunion bei der Entwicklung von Anti-Raketensystemen dies erforderlich gemacht hätten.

- In Phase 3 wäre der Dyna-Soar schließlich ein vollwertiges, bemanntes, hypersonisches, globales, strategisches Kampf- und Aufklärungssystem gewesen. Es hätte in dieser Ausprägung die Anforderungen des ursprünglichen RoBo-Systems erfüllt. Dafür hätte er ein mehrstufiges Startfahrzeug benötigt um es in 90 Kilometern Höhe auf anähernd Orbitalgeschwindigkeit zu beschleunigen. Die großen technischen Herausforderungen an dieses System wäre die Kühlung gewesen und die geforderte Abwurfgenauigkeit für die »Waffenladung« die nicht mehr als 900 Metern Abweichung vom Zielpunkt aufweisen durfte. Erste Gleitflüge dieser Einsatzversion waren für den Januar 1970 geplant, gefolgt von einem ersten Raumflug unter Einsatz aller Stufen Mitte 1971. Der Phase 3 Dyna-Soar sollte dann seine Einsatzfähigkeit etwa Mitte 1974 erreichen.

Dieses Bild zeigt die wechselnden Trägerversionen während der frühen Design-Phase.

Boeing X-20 »Dyna-Soar«	
Programmbeginn:	10. Oktober 1957
Programmende:	Dezember 1963
Besatzung:	1
Länge (nur X-20):	10,78 m
Länge über Transtage:	14,50 m
Spannweite:	6,34 m
Flügelfläche:	32 qm
Cockpit-Volumen:	3,5 m^3
Startgewicht Dyna-Soar:	5.055 - 6.400 kg
Orbitmasse incl. Transtage:	12.250 kg
Rückführbare Nutzlast:	450 - 1.600 kg

Die Technik des Dyna-Soar – bis heute unerreicht

Der Dyna-Soar wies Konstruktionsmerkmale auf, die zum großen Teil bis heute nicht erreicht sind. Der Gleiter hatte um 72,5 Grad scharf nach hinten gepfeilten Deltaflügel mit einem flachen Boden. Der hintere Rumpfteil lief in eine leicht ansteigenden Rampe aus, was sich bei Windkanalversuchen als vorteilhaft für die Längsstabilität im schallnahen Geschwindigkeitsbereich herausgestellt hatte.

Der Dyna-Soar war 10,78 Meter lang, hatte eine Flügelspannweite von 6,34 Meter und eine Flügelfläche von 32 Quadratmetern.

Das Auftriebs- zu Widerstandsverhältnis (L/D) betrug im Hyperschallbereich zwischen 0,8 und 1,9. Das ergab die beachtliche Seitenreichweite von bis zu 3.150 Kilometer links und rechts des Flugpfades. Das bedeutete, dass bei einer geplanten Landung auf der Luftwaffenbasis Edwards, Abweichungen nach links oder rechts möglich waren, die zwischen Juneau in Alaska und Talaro in Ecuador lagen. Einschließlich jedes beliebigen Flughafens innerhalb der USA. Die Landung des Dyna-Soar sollte auf einem einzigartigen Drahtbürsten-Kufensystem erfolgen. Damit konnte man selbst auf unbefestigten Pisten niedergehen. Die Landestrecke vom Aufsetzen bis zum Stillstand betrug dabei nicht mehr als 2.400 Meter.
Für den Gleiter wurde in seiner Basisversion eine Masse von 5.055 Kilogramm ermittelt. Das beinhaltete auch eine aus dem Orbit rückführbare Nutzlast von 450 Kilogramm. Diese Annahme basierte auf den ursprünglich erwarteten Leistungswerten des Hitzeschild-Materials. Test unmittelbar vor der Einstellung des Vorhabens zeigten jedoch, dass die Abstrahlleistung des Schildes besser war, als erwartet. Das hätte bedeutet, dass die Masse des Raumfahrzeugs bis zu 6.400 Kilogramm hätte betragen können. Die maximale Rückführmasse wäre auf 1.800 Kilogramm gestiegen.
Nach dem Start blieb der Gleiter im Orbit mit der dritten Stufe der Titan III verbunden. Die Stufe trug die Bezeichnung »Transtage«, war mehrfach wiederzündbar und zu enormen Manövern in der Lage. Voll betankt wog sie 12.250 Kilogramm. 10.300 Kilogramm waren davon Treibstoffe (und zwar Stickstofftetroxid als Oxidator und Aerozine 50 als Treibstoff). Die Transstage musste nach dem Abwurf der zweiten Stufe zunächst ein Brennmanöver durchführen, um den Dyna-Soar in den Orbit zu bringen. Der danach verbleibende Treibstoff konnte für weitere Manöver in der Erdumlaufbahn verwendet werden. Bei einer typischen Mission, so wurde berechnet, würde die Totalmasse aus Gleiter und Transstage nach Erreichen des Orbits 12.700 Kilogramm betragen. In der Transtage würden sich dann noch 5.700 Kilogramm Treibstoff befinden, was für eine gesamte Geschwindigkeitsänderung von zwei Kilometer pro Sekunde gereicht hätte. Solch enorme Manöver hätten die Fähigkeit des Feindes, den Überflugweg des Dyna-Soar vorherzubestimmen, drastisch einschränkt.
Die Luftwaffe war außerdem sehr an der Erforschung so genannter »synergistischer« Orbitmanöver interessiert. Dabei sollte die X-20 in die obere Atmosphäre eintreten und dann ihre aerodynamischen Fähigkeiten nutzen, um die Bahnneigung zu verändern. Mit Hilfe der Transtage würde sich der Dyna-Soar dann wieder in den Orbit zurückbeschleunigen. Inklinationsänderungen von 15,8 Grad wären für den reinen exoatmosphärischen Raketenbetrieb möglich gewesen, beim »synergistischen« Verfahren sogar bis über 20 Grad.
In der Verbindungsstruktur zwischen Gleiter und der Transtage war ein leistungsstarker Feststoffmotor aus dem Minuteman-Programm installiert. Er gab dem Piloten die Möglichkeit

Der Dyna-Soar kehrt aus dem Orbit zurück. Künstlerische Darstellung.

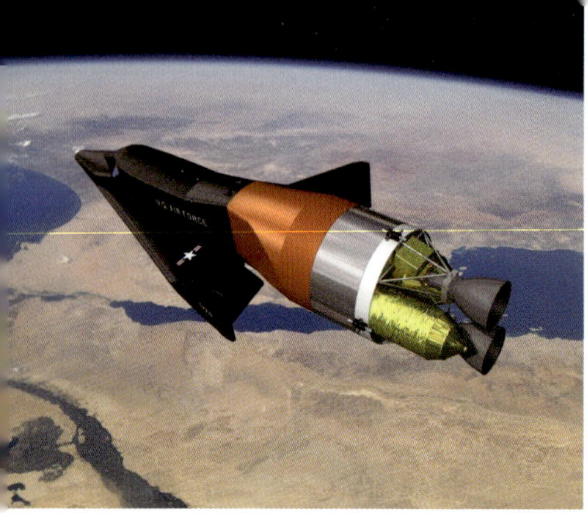

Diese künstlerische Darstellung zeigt sehr schön die Transtage, die während des gesamten Orbitfluges mit dem Dyna-Soar verbunden bleiben sollte.

Die Nasenspitze bestand aus Zirkon, dessen Schmelzpunkt bei 3.000 Grad Celsius liegt.

einer Rettung bei einem katastrophalen Versagen der Trägerrakete. Sollte es dazu kommen, hätte sie den Gleiter von der Transtage getrennt und in Sicherheit gebracht. Dieser Motor diente in der Umlaufbahn als Back-up für die Transstage. Für den Fall, dass diese beim Retro-Manöver versagen sollte, könnte der Dyna-Soar Pilot den Feststofftreibsatz einsetzen, um sich aus der Umlaufbahn zu bremsen.
Die Zelle der X-20 war eine Fachwerkstruktur aus Rene 41 Stahl. Ihr Design war darauf ausgelegt, die Wärmeausdehnung der heißen Struktur während des Wiedereintritts zu kompensieren. Innerhalb dieses Fachwerks gab es vier so genannte »compartments«, separate, in sich geschlossene Abteile. Das waren das Besatzungsmodul, das zentrale Ausrüstungsabteil, das hintere Ausrüstungsabteil und ein Zusatz-Ausrüstungsmodul.
Die Flügeloberteile, der Rumpf und die Innenfläche der »Winglets« bestanden ebenfalls aus Rene 41. Die Teile, die starker Hitze ausgesetzt waren, wie die Flügelunterseite, die Flügelvorderkanten und andere Teile bestanden aus beschichtetem Molybdän. Die Nasenkappe bestand aus Zirkon. Die errechnete Maximaltemperatur beim Wiedereintritt hätte an der Nase des Flugkörpers über 2.000 Grad Celsius betragen. An den Flügelvorderkanten wären es noch 1.550 Grad gewesen, auf der Flügelunterseite 1.340 Grad. Die interne Fachwerkstruktur hätte sich auf 980 Grad erhitzt.
Nachdem die X-20 nicht über das gesamte Geschwindigkeitsregime mit manuellen Kontrollen gesteuert werden konnte, wurde es mit einer Steuerunterstützung ausgestattet, die in vier verschiedenen Modi arbeiten konnte. Alle wurden aber im Fly-by-wire-Verfahren angesteuert, also mit elektrischer Signalübertragung. Nick- und Rollbewegungen wurden über zwei »Sidesticks« eingegeben.

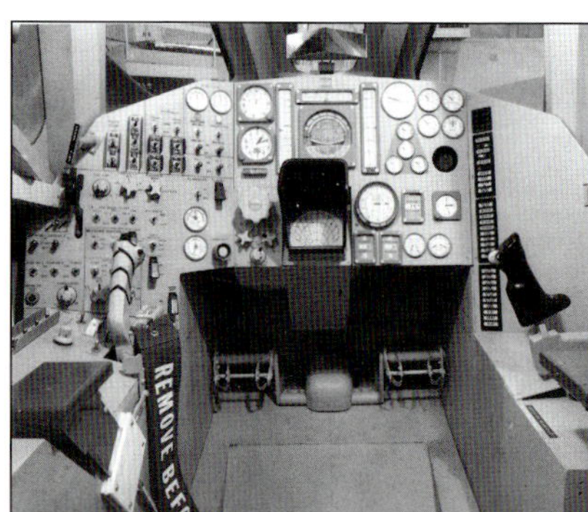

Der Gierwinkel wurde mit konventionellen Ruderpedalen bestimmt. Der Pilot konnte mit diesen Eingabe sogar die gesamte Rakete beim Aufstieg in den Orbit steuern, falls dies erforderlich gewesen wäre.
Im Weltraum wurden über diese Steuereinrichtungen zwei redundante, mit Wasserstoff-Peroxid betriebene, Lageregelungssysteme bedient. Während des Wiedereintritts arbeitete der Gleiter mit beiden Systemen, dem aerodynamischen System und den Lageregelungstriebwerken, um die gerade beim Wiedereintritt sehr wichtige korrekte Ausrichtung des Raumfahrzeugs durchzuführen. Die beiden Systeme arbeiteten parallel, bis in den tiefen Luftschichten ein atmosphärischer

In den tieferen Luftschichten hätte sich der Dyna-Soar ganz auf seine aerodynamischen Kontrollflächen verlassen.

Druck von 0,68 bar erreicht war. Ab dann wurden die Steuertriebwerke stillgelegt, und es arbeiteten nur noch die aerodynamischen Steuerflächen. Der verbleibende Vorrat an Wasserstoff-Peroxid wurde noch in der Luft über Bord gepumpt.

Links: Die Steuerungselemente im Cockpit des Dyna-Soar, Handcontroller und Ruderpedale, sind hier gut zu erkennen.

Über 8.000 Pilotenstunden waren in dieses System am Simulator schon investiert gewesen. Mit den darin erzielten Daten kam man zu der Auffassung, dass die Handlingsqualitäten des Gleiters im gesamten Geschwindigkeitsspektrum zwischen Mach 1 und Mach 27 etwa zwischen zufriedenstellend und gut gelegen wären.
Das Trägheitsnavigationssystem hatte Honeywell in St. Petersburg in Florida entwickelt. Es war eine Weiterentwicklung des selben Systems, welches das Unternehmen für die Bomarc-B Lenkwaffe und die Atlas Centaur herstellte. Der Navigationscomputer stammte aus einem der ersten Cruise-Missiles überhaupt, der Hound Dog. Die für die X-20 geschaffene Modifikation war zum Zeitpunkt der Programmeinstellung bereits ausgiebig auf einer F-101B »Voodoo« und einem Hochgeschwindigkeits-Raketenschlitten auf der Luftwaffenbasis Holloman getestet worden. Dieses System sollte eine der wenigen Komponenten bleiben, die später noch genutzt wurden. Es wurde nämlich im Rahmen des X-15 Programms eingesetzt.
Für ein Vehikel wie den Dyna-Soar, dessen Piloten-Informationssystem noch weit im analogen Zeitalter angesiedelt war, gab es einige fortschrittliche Ideen im Cockpit. So hatte der Astronaut für den Wiedereintritt in die Erdatmosphäre ein so genanntes »Energy Management Display«. Das war ein zentraler Monitor, auf dem ihm in Überblendtechnik eine Serie von grafischen Darstellungen eingespielt wurden. Die Informationen dafür stammten vom Flugführungscomputer, und die Grafik änderte sich, wenn die Geschwindigkeit um jeweils 300 Meter pro Sekunde gesunken war.
Zwei Symbole wurden dabei mittels eines Kathodenstrahls auf den Bildschirm projiziert. Das eine zeigte den wirklichen Anstell- und Kippwinkel des Gleiters, das andere stellte für die selben Parameter die Solldaten dar, die der Pilot fliegen musste, wollte er einen bestimmten Landeplatz erreichen. Das Überblendbild zeigte auch mit einer roten Gefahrenlinie die strukturellen Grenzen seines

Fahrzeugs, die er nicht überschreiten durfte. Das Steuerungsprogramm konnte Anflüge auf bis zu zehn Landeplätze speichern.

Die vier internen »compartments« des Dyna-Soar waren durch »Wasser-Schotts« von der Struktur getrennt, die für eine passive Kühlung sorgten. Das reduzierte die etwa 980 Grad Temperatur der Fachwerk-Tragstruktur auf etwa 90 Grad und erlaubte es, diese Zellen aus konventionellem Aluminium zu fertigen. Ein Kühlsystem im Inneren der Abteile reduzierte die Temperatur auf 46 Grad Celsius. Der Pilot in seinem geschlossenen Raumanzug konnte dann noch weiter herunter gekühlt werden.

Die Pilotenkabine, die ja eines der vier internen »compartments« bildete, sollte unter einem Druck von 0,5 Atmosphären stehen. Das entsprach einer Höhe von 5.500 Meter über dem Meeresspiegel. Das Atemgas des Astronauten bestand zu 43,5 Prozent aus Sauerstoff und 56,5 % aus Stickstoff. Das Nutzlastabteil stand unter einem Druck von 0,7 Atmosphären und war mit 100 Prozent Stickstoff gefüllt. Die anderen beiden compartments waren nicht druckbelüftet, konnten aber im Falle eines Brandes mit Stickstoff ausgeblasen werden. Im Pilotenabteil befand sich auch das Trägheitsnavigationssystem, die Flugkontrollelektronik, die Displays und Kontrollinstrumente des Cockpits, der Schleudersitz und ein Druckgasbehälter mit dessen Inhalt vor der Landung die Windschutzscheiben-Abdeckung abgesprengt und das Fahrwerk ausgefahren wurde. Die beiden Seitenfenster blieben ständig frei, das dreiteilige Front-Cockpitfenster war aber beim Start, im Orbit und während des Wiedereintritts mit Schutzschilden versehen. Sie wurden erst abgesprengt, wenn der Gleiter eine Geschwindigkeit von Mach 6 unterschritten hatte. Tests von Neil Armstrong mit einer modifizierten F5D »Stingray« hatten gezeigt, dass eine sichere Landung auch dann möglich war, wenn das Absprengen der Abdeckungen misslang und lediglich die Seitenfenster genutzt werden

Der Schleudersitz des Dyna-Soar.

konnten. Der Schleudersitz konnte nur im subsonischen Bereich zwischen 1.000 und 130 Kilometern pro Stunde eingesetzt werden.

Das Ausrüstungsabteil hatte ein Volumen von knapp zwei Kubikmetern, die während des Fluges mit 450 Kilogramm an Testinstrumentierung belegt waren. Diese Instrumente zeichneten die Daten von 750 Sensoren auf, welche die Temperatur des Gleiters maßen, Drücke, Lasten, die Leistung der Subsystem, biometrische Daten des Piloten und Wärmefluss. Das hintere Ausrüstungsabteil nahm die Tanks für den flüssigen Stickstoff und das Wasserstoff-Peroxid sowie das Energie-Kontrollsystem auf.

Das Zusatz-Ausrüstungmodul, »Secondary power bay« genannt, wurde von einem großen Wasserstofftank dominiert. Der lieferte zusammen mit zwei redundanten Flüssigsauerstofftanks den Betriebsstoff für die völlig neu konstruierten Gasturbinen, die den Dyna-Soar mit Strom versorgten. In diesem Abteil befand sich auch das Sekundär-Kühlsystem, das mit Glykol betrieben wurde.

Testflüge und Weiterentwicklung

Insgesamt waren zehn Testflüge geplant. Zunächst zwei unbemannte Missionen im Januar und April 1966. Für den Juli desselben

Der Dyna-Soar startet an der Spitze einer Titan IIIC in den Orbit.

Nach Abschluss der Mission sollte die Landung in Edwards erfolgen.

Jahres war eine erste Orbit-Mission mit einer Erdumkreisung vorgesehen. Der Astronaut dafür stand bereits fest: James Wood. Bis September 1967 hätten fünf weitere Missionen mit je einer Erdumkreisung stattfinden sollen. Im Dezember 1967 und im März 1968 hätten schließlich zwei Missionen mit jeweils drei Erdumkreisungen den ersten Erprobungsabschnitt beendet.
Zur Durchführung der Ein-Orbit-Testflüge sollte der Dyna-Soar zusammen mit der Transtage von Cape Canaveral aus auf seiner Titan IIIC auf 7,53 Kilometer pro Sekunde beschleunigt und in 98 Kilometer Höhe abgesetzt werden. Er wäre dann in antriebslosem Flug bis auf sein Apogäum in einer Höhe von 146 km gestiegen, das er über Südafrika erreicht hätte. Über dem indischen Ozean wäre die Transtage abgeworfen worden, und dann hätte der lange Gleitflug bis zur Edwards Air Force Basis in Kalifornien begonnen.
Bei den Flügen über drei Umläufe hätte der Booster nur eine um etwa 20 Meter pro Sekunde höhere Geschwindigkeit zur Verfügung stellen, und die Kombination aus Dyna-Soar und Transtage nur etwa 600 Meter höher absetzen sollen. Dies hätte aber genügt, um den Gleiter in antriebslosem Flug bis auf 183 Kilometer Höhe zu bringen, wo dann die Transtage den Orbit zirkularisieren würde. Nach drei Erdumkreisungen sollte die Transtage erneut feuern. Der Dyna-Soar hätte über Angola die Umlaufbahn wieder verlassen und den Landeanflug nach Edwards eingeleitet.

Nach Abschluss der zehn Testflüge sollte ein Weiterentwicklungsprogramm beginnen, das vor allem auf eine Steigerung der Leistungsdaten abzielte. Dies wollte man wie folgt angehen:

- Verbesserung des Potentials für Bahnänderung des Dyna-Soar durch Leistungssteigerung der Titan IIIC
- Verbesserung der Nutzlastkapazität auf 900 Kilogramm durch ein Gewichtsreduzierungsprogramm am Gleiter.
- Verbesserung des Geschwindigkeitsänderungs-Potentials auf 1.700 Meter pro Sekunde durch Einsatz eines verbesserten Missionsabbruch-Motors und durch strukturellen Veränderungen in der Verbindung zwischen Rakete und Gleiter.
- Verbesserung der Nutzlastkapazität auf 1.800 Kilogramm durch verbesserte Emissivität des Hitzeschildes.
- Einführung »synergistischer« Manöver zur Änderung des Inklinationswinkels, und dadurch weitere Erhöhung des Geschwindigkeitsänderungs-Potentials.

Nach Abschluss der zehn Testflüge hätte der Dyna-Soar in seiner Basisausführung schon eine ganze Reihe von Aufgaben übernehmen können. Die Rolle als »Weltraumbomber« war allerdings Ende 1963 schon nicht mehr länger im Programm. Statt dessen sah man folgende Möglichkeiten:

- Schaffung von zwei zusätzlichen Pilotenpositionen im der Nutzlastbuch für Rettungszwecke oder Außenbordmanöver.
- Installation von Geräten für militärische Aufklärungsmissionen wie zum Beispiel optische Kameras, Infrarotkameras, Seitensichtradar oder ELINT-Ausrüstung.
- Technologische oder wissenschaftliche Nutzlasten, die vom Piloten betrieben und im Bedarfsfall repariert werden könnten.
- Inspektion und Abschaltung feindlicher Satelliten.

Auf längere Sicht sollte eine Modifikation des Dyna-Soar mit der Bezeichnung X-20X geschaffen werden. Sie wäre eine Kleinraumfähre für Personentransporte zu Raumstationen geworden. Einige Zeit wurde die X-20 auch als Alternative für das Programm Gemini gehandelt, hier insbesondere für die militärischen Gemini-Applikationen. Wäre das genehmigt worden, hätten die USA Ende der 60er-Jahre eine geflügelte, wieder verwendbare Raumfähre zur Verfügung gehabt.

Doch es kam anders. Schon gegen Ende 1961 begann das Projekt Dyna-Soar Gegenwind zu spüren. Die Luftwaffe drohte von der neu gegründeten zivilen Weltraumagentur überrundet zu werden. Wesentlicher noch waren die politischen Ereignisse, die mit den Verteidigungsanstrengungen der USA nur indirekt zu tun hatten.

Der Dyna-Soar »on Mission«. Am Ende kam es dazu nie.

Das Jahr 1961 begann mit der Amtseinführung von John F. Kennedy als 35. Präsident der Vereinigten Staaten. Im April brachten die Russen Juri Gagarin in den Orbit und wieder sicher zurück. Im Mai startete Alan Shepard mit seiner Mercury-Kapsel Freedom 7 zu einem kurzen suborbitalen Raumflug und erreichte dabei immerhin eine Höhe von 185 Kilometern. Im Mai verpflichtete Kennedy vor beiden Häusern des Kongresses die Nation zu einem Rennen um den Mond. Und so ging es weiter. Schlag auf Schlag.
Es zeichnete sich ab, dass die NASA das Raumfahrtgeld bekommen würde, das die Luftwaffe für den Dyna-Soar gebraucht hätte. Und da gab es noch einen weiteren Schauplatz, der Monat für Monat mehr Geld verschlang und immer größere Opfer forderte: Der Krieg in Vietnam.
Dabei ging die Entwicklung des Gleiters gut vonstatten. Ende 1962 war das Critical Design Review der meisten Subsysteme erfolgreich abgeschlossen. Wesentliche technische Durchbrüche auf dem Sektor hochwärmefester Materialien waren erreicht worden und die Fertigung der Hauptbaugruppen war bereits im Gange. Die Auslieferung des ersten Dyna-Soar sollte im Oktober 1964 erfolgen, und obwohl der erste Gleitflugtest 14 Monate später stattfinden sollte als im ursprünglichen Zeitplan aus dem Jahre 1957 geplant, sollte dennoch der erste Orbitalflug sechs Monate früher als in der ursprünglichen Planung festgelegt war, stattfinden. Das Projekt war gut gemanagt.
Die Projektkosten waren unter Kontrolle und Boeing hatte bereits 253,5 Millionen seines 530 Millionen umfassenden Entwicklungsbudgets ausgegeben. Die Abwurftests von der B-52 hätten innerhalb der nächsten acht Monate beginnen sollen.
All das wurde über Nacht aufgegeben und fallen gelassen. Dyna-Soar wurde durch das Manned Orbiting Laboratory (MOL) ersetzt. Dieses Vorhaben wurde seinerseits nach sechs Jahren storniert, ebenfalls zu einem Zeitpunkt, an dem gerade die entscheidende Hardware-Phase begann. Die Einstellung der Projekte Dyna-Soar und MOL werden heute in den USA als typische Beispiele für geradezu kriminell schlechtes politisches Urteilsvermögen gesehen.
Wäre das Dyna-Soar System fertig gestellt worden, dann hätten die USA schon ab1965 ein wieder verwendbares bemanntes Raumfahrzeug zur Verfügung gehabt. So aber steht Amerika bis zum heutigen Tag ohne ein vernünftiges bemanntes Orbit-Transportsystem da.

Viel mehr als dieses Mock-up blieb nicht vom Dyna-Soar.

Heute ist kaum noch nachzuvollziehen, welch geradezu panische Projekte in immer schnellerer Folge entstanden, als sich in den späten 50er- und frühen 60er-Jahren der Vorsprung der Sowjetunion in der Raumfahrt ständig weiter zu vergrößern schien. Sorgfältig ausgearbeitete Zeitpläne und systematisches, schrittweises Handeln schien keine Gültigkeit mehr zu haben. Projekte wurden in heute unfassbar kurzen Zeiträumen durchgepeitscht, und zwangsläufig blieb manchmal die nötige Sorgfalt der Planung auf der Strecke. Es wurden Vorhaben geboren, die Selbstmordkommandos ähnelten. Eines dieser Vorhaben war der »One way Spaceman«, die Landung eines einzelnen Astronauten auf dem Mond, ohne ihn – zumindest zunächst – auch wieder zur Erde zurückbringen zu können.

Am 9. April 1959 wurden der Welt die sieben Astronauten des US-Mercury-Programms vorgestellt. Zu diesem Zeitpunkt ging man davon aus, dass jeder von ihnen, bevor er zu einer Orbit-Mission startete, zunächt eine Art »Trainingsflug« unternehmen sollte: Einen suborbitalen Einsatz auf einer Redstone-Rakete. Diese kurzen ballistischen Flüge, so die durchaus sinnvolle Überlegung, würden die Astronauten allen Bedingungen eines »richtigen« Raumflugs aussetzen: Startvorbereitungen, Start und Beschleunigung, eine mehrere Minuten lange Phase der Schwerelosigkeit, die Schwärze des Weltraums, den Rücksturz zur Erde, den feurigen Wiedereintritt, die enorme Bremsverzögerung, die Wasserung und schließlich die Bergung. Kurz, alle Faktoren einer Orbitalmission, mit Ausnahme der Länge des Einsatzes und der erreichten Geschwindigkeit.
Techniker, Programmplaner, Raumfahrtmediziner und anfangs auch die Manager betrachteten diese kurzen suborbitalen Missionen als unabdingbar notwendige Vorbereitungsschritte für die darauf folgenden »richtigen« Orbitalflüge. Nur so, das war die einhellige Meinung, konnte man Amerikas Astronauten vernünftig auf die Gefahren des Weltraums vorbereiten.
Doch dann startete gerade mal zwei Jahre später, am 12. April 1961, der Kosmonaut Juri Gagarin zu seinem historischen Raumflug. Und schon war diese Planung reif für den Papierkorb. Drei Wochen nach Gagarin, am 5. Mai 1961, flog Alan Shepard allerdings tatsächlich noch wie vorgesehen seine Suborbitalmission. Fast 500 Kilometer weit, 180 Kilometer hoch, 15 Minuten und 22 Sekunden lang. Doch dann wurde auf der ganzen Welt Shepards »Weltraumhüpfer« mit Gagarins 108 Minuten langem »wirklichen« Orbitflug verglichen. Der Vergleich fiel eindeutig aus.

Statt der sieben geplanten suborbitalen Mercury-Redstone Flüge fanden, um das Programm zu beschleunigen, nur zwei statt.

Die Idee

Die Angst, uneinholbar in Rückstand zu geraten, wuchs immer weiter an. Nur fünf Wochen nach Shepards Flug verpflichtete Präsident Kennedy in einer denkwürdigen Rede vor beiden Häusern des Kongresses die Nation, noch vor dem Jahre 1970 einen Menschen auf dem Mond zu landen und ihn wieder sicher zurück zur Erde zu bringen. Zu diesem Zeitpunkt hatten die Amerikaner, Shepards kurzen »Weltraumhüpfer« einmal ausgenommen, noch keinen einzigen bemannten Raumflug absolviert. Nun war Geschwindigkeit alles. Sorgfalt und Umsicht wurden über Bord geworfen. Von den vorgesehenen sieben suborbitalen Missionen fand nach Kennedys Rede nur noch eine einzige statt, obwohl gerade die bewies, dass noch weit mehr Praxis erforderlich wäre. Es war dies Virgil Grissoms Flug mit Liberty Bell 7, nach dessen Ende er beinahe ertrank und seine Kapsel 4.000 Meter tief im Atlantik versank.
Und die Sowjets legten weiter erbarmungslos eine fantastische Leistung nach der anderen vor. Nur zwei Wochen nach Grissoms beinahe tödlicher Mission umkreiste der Kosmonaut German Titov die Erde 17 mal und blieb 25 Stunden im Orbit. Die USA würden das auf Jahre hinaus nicht nachvollziehen können.
Amerika fühlte sich verzweifelt und gedemütigt. Erst am 20. Februar 1962 umkreiste schließlich John Glenn als erster Amerikaner dreimal die Erde. Die Sowjets unternahmen derweil schon Gruppenflüge mit zwei Raumschiffen, die im Abstand von nur einem Tag voneinander gestartet waren.
Die NASA und ihre Berater debattierten nun fieberhaft, wie es den Amerikaner gelingen könnte, den Mond vor den Sowjets zu erreichen. Um diese Zeit herum beschloss die NASA auch ein Überbrückungsprogramm zwischen den Vorhaben Mercury und Apollo, das als notwendig erachtet wurde, um mehr Raumflugerfahrung zu gewinnen. Am 7. Dezember 1961 gab die NASA Pläne für eine zwei-Mann Mercury bekannt, welche die Bezeichnung »Mercury Mark II« erhielt. Mit diesem Raumfahrzeug wäre man, so die Überlegung, in der Lage gewesen, etwa 1963-1964 die Leistungen der Russen aus den Jahre 1961 und 1962 nachzuvollziehen.
In den darauf folgenden beiden Monaten wurden die Leistungsanforderungen an die Mercury Mark II ständig angehoben. Sie sollte schließlich Orbitalflüge bis zu zwei Wochen Dauer, Außenbordaktivitäten und Rendezvous-Manöver leisten können. Im Januar 1962 wurde das Projekt schließlich in Gemini umbenannt. Trotzdem die Zeitpläne ständig verkürzt und die Leistungsanforderungen immer mehr erhöht wurden befürchteten viele, dass die Sowjets dem Projekt Gemini, ähnlich wie zuvor schon Mercury, die Schau stehlen würden. Und nicht nur das. Die Sowjets bewahrten absolutes Stillschweigen über ihre Pläne und bald verdichteten sich die Befürchtungen, dass

Links: Alan Shepard, vor dem Start zu seinem suborbitalen Flug.

Wernher von Braun und US-Präsident Kennedy vor einem Modell einer Saturn 1 Block1-Rakete.

ihnen vor allem aufgrund ihrer überlegenen Trägerraketen bis 1965 ein zirkumlunarer Flug um Mond herum gelingen könnte. Eine sowjetische Landung schien manchem Experten schon Ende 1966 möglich.
Vor diesem Hintergrund entstand ein Plan, der zum ersten Mal beim Meeting des »Institute of Aerospace Sciences (IAS)« im Juli 1962 in Los Angeles vorgestellt wurde. Er basierte auf einem Konzept der Firma Bell und war unter der Leitung von John M. Cord von der Advanced Design Division des Unternehmens und dem Psychologen Leonard M. Seale, der ebenfalls für Bell arbeitete, erdacht worden.
Sie hatten eine Möglichkeit ersonnen, trotz des schier uneinholbaren sowjetischen Vorsprungs dennoch als erste einen Menschen auf den Mond zu bringen. Ihr Konzept trug den Titel: »One Way Manned Space Mission«. Auf deutsch »Bemannte Hinflug-Mission«.
Ihre Argumentation war die folgende: Eine ausschließliche Hinflugmission könnte nahezu sofort in die Tat gesetzt werden. In diesem Fall musste nicht die Entwicklung der superschweren Saturn C-5 (wie die Saturn 5 damals hieß) und der Nova-Rakete abgewartet werden. Beide Typen existierte damals nur skizzenhaft auf den Zeichenbrettern, ob sie realisiert werden konnte, stand in den Sternen (die Nova wurde tatsächlich nie gebaut). Doch eine reine »Hinflugmission« könnte man mit den existierenden Raketen abwickeln. Man musste in diesem Fall ja weder Treibstoff für den Rückstart zur Erde zu transportieren, noch Versorgungsgüter für den Rückflug, noch ein System für die Erdlandung. Ja, man bräuchte sogar überhaupt kein Vehikel, mit dem die Astronauten zur Erde zurückkehren konnten. Der einzelne Astronaut würde lediglich mit der Mondlandefähre zum Erdtrabanten fliegen und dort landen und das war es.
Man bräuchte in diesem Fall nur eine Rakete in der Leistungsklasse der Saturn 1. Diese Rakete befand sich zum Zeitpunkt, als Cord und Seale ihren Plan vorstellten in fortgeschrittener Entwicklung, und die ersten Testflüge waren bereits erfolgreich absolviert worden. Auch für den Mondlander gab es schon eine Vorlage in fortgeschrittenem Projektstadium, denn die unbemannten Surveyor-Landefähren befanden sich bereits in der Entwicklung. Natürlich wären Modifikationen und umfangreiche Vorbereitungen auch hier notwendig, aber Rakete und Mondlander, so überlegten Cord und Seale, könnten Anfang 1965 flugfertig sein, womit es möglich wäre, die Sowjets zu schlagen

Die Rakete für das Projekt »One Way Spaceman«, die Saturn 1 Block 1, wäre bereits 1962 zur Verfügung gestanden.

Obwohl sie ihr Projekt »One Way« nannten, hatten Cord und Seale keineswegs eine Selbstmordmission im Sinn. Sie gingen davon aus, dass ihr einsamer Raumfahrer etwa 18–24 Monate nach seiner Landung wieder abgeholt werden könnte. Zu einem Zeitpunkt, an dem die Entwicklung des »regulären« Apollo-Programms so weit fortgeschritten war, dass man auch hier

mit den Mondflügen beginnen konnte.
Die Methode, die zur Zeit von Cords und Seales Vorschlag als die Wahrscheinlichste für das Apollo-Mondlandeprogramm betrachtet wurde, war die des so genannten »Direct Ascent«. Dabei wäre die gesamte Drei-Mann-Apollo auf dem Mond gelandet ohne vorher in eine Mondumlaufbahn einzuschwenken. Und sie wäre danach auch wieder direkt von der Mondoberfläche zur Erde zurück gestartet. Für den »Direct Ascent« hätte man eine enorme

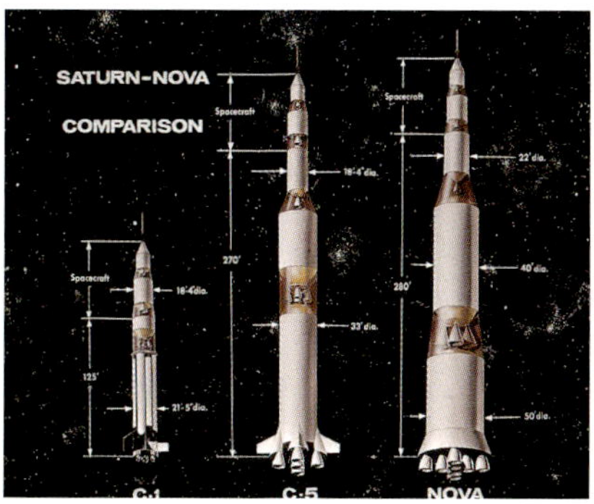

Vergleich Saturn 1, Saturn 5 und Nova

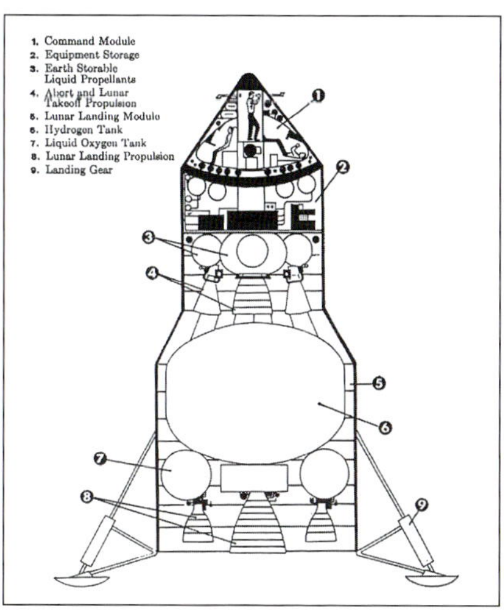

Die »Direct-Ascent-Apollo«. Dieses Mondlandekonzept wurde bis 1962 favorisiert.

Rakete benötigt, noch größer als die Saturn C-5. Sie war im Jahre 1962 als »Nova« projektiert und man ging recht optimistisch davon aus, dass sie 1967 zur Verfügung stand.
Die beiden anderen Mondlande-Szenarien waren das »Earth Orbit Rendezvous« und das »Lunar Orbit Rendezvous«. Bei der ersteren wurden die Komponenten für die Mondlandmission mit mehreren Raketen in den Erdorbit gebracht und dort zusammengesetzt. Die zweite, die eine eigene Mondlandefähre und ein Kopplungsmanöver in der Mondumlaufbahn erforderte, war die Variante, für die man sich am Ende tatsächlich entschied. Diese Möglichkeit wurde Mitte 1962 als die Unwahrscheinlichste betrachtet.

Gefährliche Mission

Obwohl es keine Selbstmordmission war, bezeichneten selbst die beiden Projektleiter die Mission als »extremely hazardous«, als »extrem riskant« also. Dies beruhte nach Einschätzung der beiden Schöpfer des Plans jedoch weniger auf der Tatsache, dass ein einzelner Astronaut erstens auf dem Mond landen, und zweitens dort auch noch zwei Jahre alleine überleben musste, sondern entsprang mehr dem Umstand, dass sich der mutige Solo-Pilot ja im Mondlander auf die Reise begeben musste. Er besaß zwar eine beschränkte Rettungsmöglichkeit im Falle eines Fehlstarts, es gab aber keine Rettung wenn auf dem Hinflug zum Mond irgendetwas Gravierendes schiefging. Cord und Seale sahen ihre Mission als Bestandteil einer ganzen Serie zunehmend anspruchsvollerer Mondflüge vor. Als erstes, so planten sie, müssten unbemannte lunare Vorbeifluge und danach Orbit-Missionen stattfinden, um das Strahlungsumfeld zu untersuchen, und das Terrain auf dem Mond für die nachfolgenden Landungen zu sondieren. Danach würden automatische Ranger-Missionen ausgewählte kleine Bereiche fotografieren. Sie könnten nicht weich landen und sollten bei der Annäherung an die Oberfläche, vor ihrem Aufschlag, detaillierte Bilder anfertigen und zur Erde senden. Danach würde ein modifizierter Ranger-Design mit Bremstriebwerken ausgestattet und widerstandsfähige Instrumente

Mondsonde vom Typ »Ranger«.

»landen«. Dinge etwa, wie Seismometer. Alle drei Mondsondentypen waren zur Zeit von Cords und Seales Vorschlag schon im Einsatz, die Rangers allerdings noch erfolglos.
Danach kämen die Surveyor-Landesonden mit ihrer Fähigkeit weich auf der Oberfläche zu des Mondes niederzugehen. Sie sollten Bilder von Oberflächendetails zur Erde senden, und die Bodenbeschaffenheit testen. Wenn möglich, bereits von Regionen, in denen später der One Way Spaceman landen sollte. Sie sollten herausfinden, ob der wagemutige einzelne Astronaut dort sicher wäre, oder im Staub des Mondes versinken würde. Das Projekt Surveyor wäre in der Praxis aber zu spät gekommen, denn die erste Surveyor-Landung erfolgte erst im Juni 1966.
Automatische Rover wären dann gefolgt, um das Gebiet, in dem der One Way Spaceman niedergehen sollte, im Detail zu erkunden. Einer dieser Rover sollte ein Funkfeuer platzieren, um die Landefähre des Astronauten und die ihm später nachfolgenden Fracht-Fähren sicher

So ähnlich hätte es auch bei der Expedition des One Way Spaceman aussehen können. Tatsächlich handelt es sich hier um ein Bild der Apollo 12-Mission, bei der die Astronauten Conrad und Bean im November 1969 den zweieinhalb Jahre zuvor gelandeten unbemannten Surveyor 3 besuchten.

Dieses frühe Konzept des Apollo-Mondlanders stammt aus dem Jahre 1963. Der Lander des One Way Spaceman wäre eine Idee weniger komfortabel gewesen.

zum richtigen Landeplatz zu geleiten. Nach der Erkundung durch die Rover hätte die große Stunde des One Way Spaceman geschlagen. Nun wäre es an ihm gewesen, auf dem Mond zu landen und sich dort einzurichten. Dann hätte das große Warten begonnen. Schließlich, so rechneten es sich Cord und Seale aus, etwa zwei Jahre nach der Landung, hätten die Mondflüge des Apollo-Programms eingesetzt. Die wären aus der damaligen Sicht, wie erwähnt, »Moon-Direct-Missionen« gewesen. Also Flüge, bei denen das gesamte Apollo-Raumschiff auf dem Mond niedergehen sollte. Die erste Apollo hätte – natürlich – die Basis des One Way Spaceman als Ziel. Eine der Aufgaben des einsamen Astronauten wäre es gewesen, einen passenden Landeplatz für das Apollo-Raumschiff auszusuchen, das statt mit der normalen dreiköpfigen Besatzung nur mit zwei Astronauten zum Mond fliegen sollte. Der dritte Sitz war für den einsamen Pionier bestimmt, der jetzt endlich wieder nach Hause durfte.

Die Mission des One Way Spaceman

Wie wäre all das geplant und Schritt für Schritt durchgeführt worden? Bereits während der ersten Landungen der Erkundungssonden hätten die Ingenieure gleichzeitig auch schon mit der Entwicklung und dem Bau der Ausrüstung für den One Way Spaceman begonnen. Zusätzlich zum Träger, der den Astronauten zum Mond bringen sollte (den man auf Basis der Saturn 1 zu entwickeln gedachte) würde man auch sofort mit der Entwicklung einer Klein-Mondfähre begonnen, die Cord und Seale als »Minimum-Besatzungskapsel« bezeichneten. Auf der Basis dieses Landers wurde außerdem eine Frachtkapsel geplant. Die Bremsstufe mit ausfahrbaren Landebeinen wäre standardisiert und für beide Kapseltypen gleichermaßen geeignet gewesen. Dann hätte die Versuchsphase begonnen. Die hätte Erdorbit-Tests der Crew-Kapsel umfasst, mit Primaten an Bord, ähnlich wie schon vor den ersten bemannten Einsätzen der Mercury-Redstone und der Mercury-Atlas. Ein unbemannter Lander, ausgerüstet mit Testinstrumentierung und Sensoren, würde danach auf dem Mond niedergehen und die Umgebungsbedingungen analysieren. Zuvor hätte schon ein Rover, der noch zum Vorbereitungsprogramm gehören sollte, die Umgebung vor Ort erkundet, die beste Stelle für den One Way Spaceman ermittelt und ein Funkfeuer abgesetzt. Danach kämen vier Frachtraumschiffe, die der Markierung des Rovers folgen sollte. Die vier Frachtlander würden noch einmal das für die bemannte Landung vorgesehene Abstiegssystem testen und vor allem das Material auf den Mond bringen, mit dem der One Way Spaceman seine Basis bauen müsste. Und schließlich wäre es für den One Way Spaceman Zeit geworden, zu seiner einsamen und gefährlichen Mission aufzubrechen

Cord and Seale's Crew-Kapsel hätte einen

Die Landekapsel des One Way Spaceman.

Basisdurchmesser von drei Metern gehabt und wäre gut zwei Meter hoch gewesen. Das hätte etwa neun Kubikmeter nutzbares Volumen ergeben. Die Kapsel hätte ein Leergewicht von 800 Kilogramm gehabt, die Hälfte des Gewichts einer Mercury-Kapsel. Voll beladen wären es etwa 1.050 Kilogramm gewesen. Diese erstaunlich geringe Masse ist darauf zurückzuführen, dass sie ja nicht für eine Erdlandung ausgelegt war. Sie hätte keinen integrierten Hitzeschild für die Rückkehr zur Erde gehabt. Ganz zu Anfang, nur für die Startphase, hätte sie aber über immerhin über einen Rettungsturm, einen abwerfbaren Hitzeschild und ein Fallschirmsystem verfügt. All das wäre aber bereits nach der Boost-Phase abgeworfen worden.

Zusätzlich hatte der mit 90 Kilogramm Gewicht veranschlage Astronaut noch 40 Kilogramm Nahrung und Wasser dabei, Sauerstoff für einen Monat, einen Raumanzug mit einem wiederauffüllbaren Lebenserhaltungssystem, den man mit 45 Kilogramm ansetzte (tatsächlich wog der Apollo-Raumanzug am Ende das Doppelte) und etwa 15 Kilogramm an Werkzeugen, Medikamenten und Kleidung.

Die dünnwandige Kapsel hätte nicht ausreichend Schutz gegen harte Partikelstrahlung geboten. Weder auf der knapp dreitägigen Hinreise, noch in der Zeit, in der sich der Astronaut auf dem Mond einrichten und seine Basis aufbauen musste. Jeder sinnvolle Strahlenschutz hätte derart viel Zusatzmasse gekostet, dass sie den ganzen Plan zunichte gemacht hätte. Diesem Einwand begegneten Cord und Seale mit dem Argument, dass die Mission in einer Peroide der ruhigen Sonne (im elfjährigen Sonnenzyklus) stattfinden würde. Die nächste Periode erhöhter Sonnenaktivität wurde erst wieder ab 1967 erwartet. Und da, so hoffte man, sollte der einsame Astronaut schon wieder zur Erde zurückgeholt worden sein.

Mit der Landung hätte für den One Way Spaceman das Rennen gegen die Uhr begonnen. Zusätzlich zur ständigen Bedrohung durch einen koronaren Massenausbruch der Sonne und dem damit verbundenen Strahlensturm würden seine Brennstoffzellen nur für gut neun Tage nach der Landung Strom erzeugen.

Er würde nun durch eine der beiden Luken aus seinem kleinen Raumschiff klettern. Die Kapsel verfügte über keine Luftschleuse. Um sie zu verlassen hätte er jeweils die gesamte Kabinenatmosphäre ausblasen müssen. Die Atmosphäre in der Kapsel wäre aus reinem Sauerstoff bestanden, mit einem Druck von 0,35 Bar.

Die Umgebung, in der sich der One Way Spaceman befunden hätte, wäre extrem gefährlich gewesen, so befanden Cord und Seale. In der Retrospektive wissen wir aber heute, dass die beiden die Bedingungen auf dem Mond schwieriger einschätzen, als die Apollo-Astronauten sie später vorfanden. Tatsächlich muten die Annahmen der beiden heute fast ein wenig absurd an.

So gingen sie davon aus, dass der One Way Spaceman nur wenige ebene Plätze finden würde. Die zerklüftete Oberfläche und die vielen messerscharfen Steine, die sie vermuteten, betrachteten sie besonders für die ersten Tage des Aufenthaltes als extrem gefährlich. Der einsame Astronaut hätte sich dann noch nicht an die niedrige Gravitation gewöhnt, das extrem helle Sonnenlicht würde ihn ständig blenden und die langen Schatten zu Beginn seiner Mission (denn er musste zwangsläufig am frühen Mondmorgen landen) würde ihm die Sicht nehmen.

Der durch Mikro-Meteoriten erzeugte molekülfeine Staub, so fabulierten Cord und Seal weiter, würde Teile der Oberfläche 30 Zentimeter hoch bedecken. Diesen Staub würde der Astronaut bei jedem Schritt aufrühren. Dabei würden weitere Staubkörner hochgeschleudert, die ihrerseits neue Staubkörner bewegten.

Die Folge wäre, so glaubten sie, dass sich der Astronaut ständig in einem kleinen Staubsturm bewegen würde. Unabdingbar (und hier lagen sie richtig) würde der Astronaut diesen Staub auch in seine Unterkunft mitbringen. Dies würde das Filtersystem stark beanspruchen und könnte vor allem elektronische Komponenten des Raumfahrzeugs schädigen.

Cord und Seale versuchten abzuschätzen, wie oft der Raumanzug des One Way Spaceman von Mikrometeoriten durchschossen werden

Der One Way Spaceman würde, so glaubten Seal und Cord, einen gepanzerten Raumanzug benötigen. Hier ein früher Entwurf, der mehr einer Ritterrüstung ähnelt.

würde (von denen sie annahmen, dass sie sich mit einer Geschwindigkeit von 40 Kilometern pro Sekunde bewegen würden). Sie gingen davon aus, dass ein Druckanzug, der aus dreilagigem Nylon bestünde, pro Stunde von 1,3 Mikrometeoriten durchschlagen werden würde. Würde man den Anzug aber noch zusätzlich mit einer weiteren Schutzschicht versehen, könnte man ihn zwar druckdicht halten, der Körper des Astronauten wäre aber weiterhin dem Beschuss ausgesetzt.

Das war nun selbst in den risikofreudigen 60er-Jahren keine Option, mit der man ernsthaft planen wollte. Somit blieb nach Ansicht der beiden Projektleiter keine andere Lösung, als den Anzug zu panzern. Für den Fall, dass man eine ein Millimeter dicke Aluminiumschicht vorsah, würde die Anzahl der Durchschläge auf 0,007 pro vierstündiger Außenbordaktivität gesenkt werden, errechneten Cord und Seale. Allerdings würde es die Bewegungsfähigkeit des Astronauten stark behindern. Die beiden empfahlen daher, dass der One Way Spaceman mit einem starren Panzer ausgerüstet sein sollte, ähnlich wie ein mittelalterlicher Ritter. An den Gelenken sollte aber nur Nylon verwendet werden, um die Beweglichkeit des Astronauten zu garantieren. Mit dieser Kompromisslösung läge die Anzahl für einen Durchschuss pro vierstündigem Außenaufenthalt bei 0,002. Dies befanden Cord und Seal als ausreichend.

Während seiner ersten neun (Erden-) Tage auf dem Mond wäre es für den One Way Spaceman nur um das nackte Überleben gegangen. Zunächst hätte er seine vier Frachtkapseln entladen müssen, deren jede etwa neun Kubikmeter Material im Gewicht von etwa 400 Kilogramm enthalten hätte. Die Landekapseln selbst hätten insgesamt eine Masse von gut einer Tonne gehabt. Zwei dieser Kapseln wären mit einem Fußboden ausgestattet gewesen, einem vorinstallierten Lebenserhaltungssystem und dem Material, das er brauchte, um seinen Aufenthalt auf dem Mond beginnen zu können. Er hätte sie zunächst so ausrichten müssen, dass der Boden parallel zur Mondoberfläche gelegen wäre. Danach hätte er die konischen Nasenverkleidungen entfernen müssen (seltsamerweise ging man davon aus, dass diese aerodynamischen Verkleidungen bis auf die Mondoberfläche mitgeführt würden). Dann

Das Mittelsegment des Frachtraumschiffs wird als Schutzraum verwendet. Die konische Abdeckung und das Landeelement verbleiben.

Links: Frachtraumschiff

Der Schutzraum des One Way Spaceman besteht aus zwei zusammengefügten Hüllen von Frachtraketen.

hätte er die beiden Zylinder mit einer Winde zusammenbringen, miteinander verschrauben und druckdicht machen müssen. Am Ende hätte er einen Wohnraum von etwa 7,5 Metern Länge zu Verfügung gehabt.
Wäre diese Behausung jetzt ungeschützt geblieben, dann müsste er, so hatten Cord und Seale berechnet, pro Jahr mit 1,4 Einschlägen von Mikrometeoriten rechnen. Sie fanden heraus, dass es ein guter Schutz wäre, diesen »Unterstand« unter Abraum und Geröll zu vergraben (oder dieses Material darüber aufzuschütten). Dies würde die Wahrscheinlichkeit für einen Mikrometeoriten-Einschlag auf praktisch null reduzieren und die Strahlungsgefahr drastisch herabsetzen. Genug Material zu bewegen, um den siebeneinhalb Meter langen und drei Meter hohen Unterstand mit der erforderlichen Menge an Material zu bedecken, läge aber außerhalb der Möglichkeiten des einzelnen Astronauten, meinten Cord und Seal. Immerhin

sollte es möglich sein, den Unterstand in der nächstgelegenen kleinen Bodensenke unterzubringen, was ihn zumindest seitlich ein wenig abschirmen würde. Darüber hinaus, schlugen sie vor, sollte außen an der Hülle der Behausung ein dünnes metallenes Mikrometeoritenschild installiert werden. Eine Vorrichtung, die wir heute als Whipple-Shield« bezeichnen. Eine solche Schutzvorrichtung muss

Der »Strahlenbunker« des Astronauten.

einige Zentimeter von der Hülle der eigentlichen Behausung entfernt montiert werden. Trifft ein Mikro-Meteorit darauf, zerplatzt er in kleinste Teile, die auf der eigentlichen Hülle der Schutzunterkunft keinen Schaden mehr anrichten.

Für den Schutz vor der harten Partikelstrahlung eines solaren Flares empfahlen Cord und Seale einen kleinen »Strahlenbunker« einzurichten. Ein Schutzunterstand, der leicht in einen Hohlraum oder in einen Kraterwall eingegraben werden konnte. Sie nahmen an, dass etwa zwei Meter lunares Geröll ausreichen sollten, um den One Way Spaceman ausreichend vor Strahlungsausbrüchen zur schützen. Sobald die Detektoren ein scharfes Ansteigen des Strahlungspegels registrierten, so der Plan, sollte der Astronaut zum Bunker laufen und darin das Abflauen des Sonnensturmes abwarten. Mit der Ausdehnung seiner Reichweite im Gelände sollte er an strategisch günstigen Stellen um seine Basis herum weitere Schutzunterstände errichten, die er im Gefahrenfall schnell erreichen konnte.

Im Übrigen würde der One Way Spaceman seine eigene Strahlungsquelle von der Erde mitbringen: Einen kleinen Nuklearreaktor für die Stromerzeugung. Solarzellen können bekanntlich nur bei Tag Strom herstellen. An der Landestelle des One Way Spaceman wäre es aber (wie an den meisten Stellen auf dem Mond) 14 Erdtage lang Nacht. Ein Atomreaktor würde aber immer Strom liefern, Tag und Nacht. Und anders als Brennstoffzellen wäre er nicht auf Treibstoff angewiesen. Der Astronaut würde den Reaktor von einem der Frachtlander zu einem kleinen Krater in der Nähe bringen, Kabel zu seinen Unterstand verlegen, den Reaktor vergraben um seine Basis vor Strahlung zu schützen und ihn schließlich per Fernsteuerung aktivieren.

Cord und Seale schätzten, dass für die Versorgung des einsamen Astronauten 13

Dieses Bild fasst das ganze »One Way Spaceman« Szenario noch einmal zusammen.

Frachtlander benötigt würden. Drei weitere sollten Teile für einen Mehrzweck-Rover liefern. Einer sollte den Nuklearreaktor bringen, ein weiterer eine Sende- und Empfangsstation, einschließlich einer großen schüsselförmigen Hochgewinnantenne. Noch einmal drei weitere Landesonden wären nötig, um Bedarfsgüter und Experimente für ein Forschungsprogramm auf den Mond zu entsenden. Zur Errichtung

der Unterkunft des Astronauten bräuchte man zwei Lander. Alles in allem benötigte der One Way Spaceman nicht weniger als 23 Landesonden während des ersten Jahres seines Mondaufenthaltes.
Zusätzlich würde der Mondfahrer gelegentlich und sehr kurzfristig »Notfallgüter« benötigen. Cord und Seale schlugen vor, dass für diesen Zweck ein kleinerer Träger permanent im »Standby-Modus« bereit gehalten werden sollte. Dieser Träger sollte mit einem speziellen so genannten »Rough-Lander« ausgerüstet werden, wobei sie nicht spezifizierten wie »rauh« die Landung denn tatsächlich sein könnte.

Doch nicht gewählt

Am 11. Juli 1962, nur wenige Wochen nachdem Cord und Seale ihr Projekt öffentlich vorgestellt hatten, gab die NASA bekannt, dass sie das Mondorbit-Rendezvous-Verfahren für das Projekt Apollo ausgewählt hatte. Diese Methode sah vor, dass eine einzelner Astronaut an Bord des Apollo-Mutterschiffes im Orbit verbliebe, während zwei weitere Astronauten mit einer speziellen Landefähre, damals als »Bug« (Käfer) bezeichnet, auf dem Mond niedergehen sollten. Dieser »Bug« wurde wenig später in das »Lunar Excursion Module« (LEM) umbenannt und hieß noch später einfach nur »LM«. Das Konzept von Cord und Seale basierte jedoch auf der »Mond-Direkt«-Methode, bei der das gesamte Apollo-Raumschiff auf dem Mond landen sollte. Cord und Seale waren jedoch der Meinung, dass ihr Plan auch mit dem Mondorbit-Rendezvous-Verfahren möglich wäre, ihn allerdings unnötig komplizieren würde.
Obwohl es der Vorschlag von Cord und Seale nie in die offiziellen Projektplanungen brachte, erregte er doch erhebliches Aufsehen. In der Öffentlichkeit erschien er zum ersten Mal am 25. Juni 1962, als Titelstory des Magazins »Missiles & Rockets«. Die Schlagzeile lautete: »One Man, One Way Moon Trip Urged« (etwa: Ein-Mann-, Ein-Weg-Mondtrip dringend nötig). Später distanzierten sich Cord und Seale etwas von dem Wort »urged«, das ihnen dann doch einen zu drängenden Charakter hatte. Das Vorhaben war aber nun in der Welt und wurde weiter publiziert, zum Beispiel in der Zeitschrift »Aerospace Engineering« vom Dezember 1962. Bald danach, mit dem schnellen Fortschreiten der Programm Mercury, Gemini und Apollo endete jedoch die Diskussion um den One Way Spaceman fürs Erste.
Die Faszination des Konzeptes blieb allerdings bestehen. Im Jahre 1964 publizierte der Autor Hank Searls einen Thriller mit dem Titel »Projekt Pilgrim« (The Pilgrim Project), das

Das Buch »The Pilgrim Project« aus dem Jahre 1964

auf den Plänen von Cord and Seale basierte. Das spannende Buch blieb lange in den Beststellerlisten, erlebte mehrere Auflagen und wurde auch international publiziert. Im Jahre 1968 wurde die Story sogar von Robert Altman verfilmt (Filmtitel: »Countdown«).
Am Ende des Gemini-Programms im November 1966 lagen die Vereinigten Staaten im Wettrennen um den Mond schon weit vor den Sowjets. Nur einmal, nach dem Apollo 1-Feuer am 27. Januar 1967, sah es so aus, als würde das US-Raumfahrtprogramm zurückgeworfen werden. Doch nur drei Monate später ereignete sich in der Sowjetunion das Sojus 1-Unglück bei dem Wladimir Komarow ums Leben kam.
Am nächsten kam die NASA der verzweifelten Mission des One Way Spaceman mit der Mission von Apollo 8, die am Weihnachtsabend 1968 zehnmal den Mond umrundete. Diese Mission, die ursprünglich geplant war, um die Mondlandefähre in einem hohen Erdorbit zu testen, wurde ohne Mondlandefähre zum Erdtrabanten entsandt. Sie sollte verhindern, das schwer erkämpfte US-Prestige an einen möglichen sowjetischen zirkumlunaren Flug zu verlieren.
Am Ende ihres Artikels in der Aerospace Engineering erklärten Cord und Seale, dass das Konzept des One Way Spaceman überall im Sonnensystem angewendet werden könnte. Tatsächlich wurde die Idee noch mehrmals aufgegriffen. Unter anderem bei der so genannten »Mars VI-Konferenz« im Juli 1996. George William Herbert von Retro Aerospace schlug vor, Wissenschaftler jenseits der 50 zum Roten Planeten zu schicken. In seinem Szenario war von vorneherein keine Rückkehr mehr vorgesehen. Sein Plan basierte auf dem Gedanken, nur solche Wissenschaftler zu entsenden, die bereit wären, ihr ganzes restliches Leben vollständig ihrem Traum zu widmen und es dann auf dem Mars zu beenden.

Die Weltraumkanone HARP

Jules Verne erdachte sich einst die Superkanone »Columbiade«, um die Helden seines Science-Fiction Romans »Von der Erde zum Mond« zum Erdtrabanten zu bringen. Weder er noch andere Zeitgenossen konnten sich vorstellen, den Mond mit anderen technisch in Reichweite liegenden Mitteln zu erreichen.
Was sonst hätte er in Erwägung ziehen sollen? Die Raketen zur Zeit Jules Vernes waren kleine, technisch einfache, aber dennoch notorisch unzuverlässige und leistungsschwache Geräte. Es dauerte bis in die 30er-Jahre des letzten Jahrhunderts, bis sich dies langsam änderte. Dann allerdings begann sich das Bild zu wandeln. Der »Kanonenantrieb« war als Mittel eines Weltraumstarts bald aufgegeben und kam nie wieder. Fast nie wieder. Denn es gab eine Ausnahme: Das Projekt HARP.
HARP, die Abkürzung steht für »High Altitude Research Program« ist einzigartig in der Geschichte des Raumfahrtzeitalters. Zum ersten Mal – und bis auf ein kurzes Revival, auf das wir am Schluss noch eingehen werden – auch schon wieder zum letzten Mal, wurde hier ernsthaft der Versuch unternommen, anstelle von Raketen Kanonen einzusetzen, um Weltraumforschung zu betreiben und vielleicht sogar Satelliten zu starten.

Einsatz der HARP-Kanone auf Barbados.

Wie alles begann...

Wie so viele Projekte des Raumfahrtzeitalters hat auch HARP seinen Ursprung in den 50er-Jahren. In jener Zeit gab es in den USA und in Kanada zwei Stellen, die sich mit Kanonen als »Startmedium« für Forschungssonden aller Art beschäftigten. Die eine war das »Canadian Armament and Research Development Establishment«, kurz CARDE. CARDE war die Erprobungsstelle der Kanadischen Streitkräfte, eine Einrichtung, die sich vor allem mit Lenkwaffen beschäftigte. Dort arbeitete seit den frühen 50er-Jahren ein gewisser Dr. Gerry Bull, ein brillanter junger Wissenschaftler, der voller neuer Ideen steckte. Die Institution in den USA war das Ballistic Research Laboratory (BRL) in Maryland. Sie gehörte zur US Army, und dort arbeitete Dr. Charles Murphy.
CARDE kam aus Geldmangel zu den Kanonen. Nach dem zweiten Weltkrieg untersuchte die Einrichtung aerodynamische Probleme des Überschallflugs, um sich auf die Beschaffung von Jets und Lenkwaffen vorzubereiten.
Das Militärbudget war aber nach dem Krieg drastisch nach unten gefahren worden und Überschall-Windkanäle waren teuer. In dieser Notlage hatte der frisch eingestellte Dr. Bull eine geniale Idee: Anstatt einen gewaltigen, immens energieintensiven Windkanal zu bauen, mit dem man die erforderlichen Luft-geschwindigkeiten erzeugen konnte, wäre es

doch, so argumentierte er, wesentlich einfacher, ein Windkanalmodell mittels einer Kanone abzufeuern.
Innerhalb des Geschützrohres sollte das

Von Gerry Bull gibt es nur wenige Bilder. Dieses hier stammt etwa aus dem Jahre 1965.

Modell mit einer Art hölzernen Schutzhülle umgeben sein. Die Artilleristen bezeichnen ein solches Gerät einen »Treibspiegel« oder einen »Sabot«. Beim Verlassen des Rohres würde die Schutzhülle durch die aerodynamischen Kräfte abfallen. Danach würde das Modell frei fliegen. Hochgeschwindigkeitskameras entlang der Messstrecke sollten dann das Verhalten des Modells filmen.
Tatsächlich funktionierte die Sache perfekt und über Nacht hatte sich Dr. Gerry Bull einen Namen gemacht.
Es gab jedoch ein Problem im Zusammenhang mit seinen Arbeiten, das nicht ganz einfach zu lösen war. Das waren die enorme Beschleunigung von mehreren tausend g. Bulls Nutzlasten mussten so gehärtet sein, dass sie den Abschuss-Schock unbeschadet überstanden. Mehr noch: Er wollte sie mit einer Testinstrumentierung ausstatten, damit sie während des Fluges Telemetrie und Forschungsdaten senden konnten. Bull beschäftigte sich deshalb intensiv mit der Entwicklung von extrem robusten Elektronik-Komponenten und ganze Radiosendern. Damals, lange vor der Zeit integrierter Schaltkreise, war das kein geringes Problem.
Bull war schnell weit über die kanadischen Grenzen hinaus bekannt. Er hatte viele Freunde in US-Militärkreisen, mit denen er sich häufig austauschte. Vor allem mit Charles Murphy, der sich ja mit ähnlich gearteten Aufgaben auseinandersetzte. Es war dies die Phase, in der seine Idee entstand, einen Satelliten mittels einer Kanone zu starten. Auch das BRL arbeitete an einem Kanonenantriebssystem. Hier ging es nicht um aerodynamische Forschung, sondern darum, kleine Forschungssonden in die obere Atmosphäre zu entsenden. In den 50er-Jahren, der Zeit der Einführung von Jets und Lenkwaffen, die in zunehmender Anzahl durch die Stratosphäre kreuzten, gab es einen großen Bedarf dafür die Bedingungen dort oben zu erforschen. Und Höhenforschungsraketen waren teuer.
Bald war Bull, wie viele brillante Wissenschaftler, vom trägen Administrations- und Verwaltungsbetrieb seiner Organisation, wie man es heute sagen würde, »angepisst«. Er betrachtete seine Vorgesetzten, die er als »Cocktail-Wissenschaftler« zu bezeichnen pflegte, als inkompetente, ineffiziente Bürokraten und ließ keine Gelegenheit aus, dies auch jeden wissen zu lassen. Er sah seine Ideen und Vorschläge, mit denen er das CADRE täglich bombardierte, im Sande versickern und sah sein Talent in nutzloser Bürokratie verschwendet.
Gegen Ende der 50er-Jahre bekam Gerry Bull langsam Schwierigkeiten mit seinem Arbeitgeber wegen dieser Haltung. Seine Kritik mag im Kern durchaus richtig gewesen sein und sie wurde auch von vielen geteilt. Seine schroffe und unduldsame Art aber, die persönlichen Beleidigungen, mit denen er die Mitglieder

der kanadischen Wissenschaftsadministration belegte, sollten sich später noch bitter rächen. Auch Charles Murphy, häufiger Gast am CADRE, zeigte sich verwundert über den Grad der »Inkompetenz« den er dort vorfand. Bull und Murphy, die sich im Grunde recht ähnlich waren, fanden heraus, dass sie viele berufliche und persönliche Wesenszüge miteinander teilten und wurden gute Freunde. Mit diesen beiden Personen und den bis dahin vor allem am CADRE gemachten technischen Entwicklungen waren die die grundlegenden Elemente für ein Projekt wie HARP bereit. Nun brauchte es nur noch einen Katalysator.

Die Idee, mit einem Kanonenprojektil in den Weltraum zu reisen, stammt von Jules Verne. Er beschrieb sie in seinem Roman »Von der Erde zum Mond«.

Projekt HARP beginnt

Anfang 1961 hatte sich Gerry Carr so mit CARDE überworfen, dass er die Institution nach zehnjähriger Tätigkeit frustriert verließ. Schnell hatte die Nachricht die Runde gemacht, dass er nun Freiberufler war, und die Job-Angebote trudelten bei ihm ein. Die kamen vorwiegend aus den USA. Allerdings war Bull jetzt verheiratet, hatte Frau und Kinder, und wollte Kanada eigentlich gar nicht verlassen. Außerdem war er Patriot genug, um davon überzeugt zu sein, dass Kanada das Zeug zur Weltraummacht hatte. Der Weg dorthin sollte sein Superkanonen-Konzept sein.
Einer der Ersten, der an Bull herantrat, war Donald Mordell. Mordell war der Dekan des Bereichs Ingenieurswissenschaften der McGill Universität in Quebec und ein ganz ordentlicher Ingenieur. Er teilte Bulls Traum von der Satellitenkanone und wollte ihn bei sich haben. So wurde Bull am 5. Juni 1961, gerade mal 34 Jahre alt, der jüngste Professor, der je an die McGill Universität berufen wurde. Bull hatte jetzt wieder einen Job, noch dazu in Kanada, und konnte weiter an seinem Projekt arbeiten. Während des Sommers 1961 erstellten Bull und Mordell eine Projektplanung für HARP. Dann begab sich Mordell auf die Suche nach Geldgebern. Bulls alte Widersacher vom »Canadian Defence Research Board« gaben Mordell die Rote Karte, aber beim »Canadian Department of Defence Production« (CDDP) war er schließlich im August 1961 erfolgreich.
Das CDDP war überzeugt, dass sich HARP schon wegen seiner technischen Nebenprodukte, den »Spin-offs«, wirtschaftlich lohnen würde und gaben eine verbale Zusage für eine Zuwendung in Höhe von 500.000 Dollar. Allerdings machen sie Mordell und Bull klar, dass es etwa sechs Monate dauern würde, den Antrag durch die Instanzen zu bringen.
Begierig, sofort anfangen zu können, traten Modell und Bull an den Verwaltungsrat der McGill-Universität heran und baten um einen

Vorschuss von 200.000 Dollar. Der Enthusiasmus der beiden war ansteckend, und auf Grundlage der mündlichen Versicherungen des CDDP's stimmte der Verwaltungsrat zu. Er machte das in dem Verständnis, dass er diese Anleihe innerhalb weniger Monate zurückbekommen würde. Das einzige, das Bull und Mordell jetzt noch zu ihrem Glück brauchten, war eine Stelle, an der sie die Anlage aufbauen konnten.

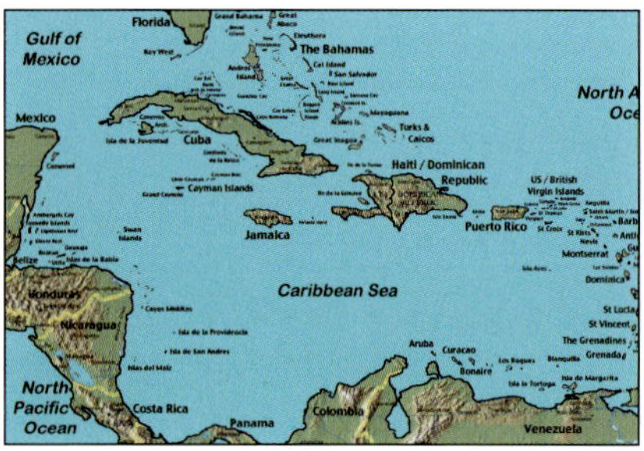

Finden Sie Barbados auf Anhieb? Sehen Sie ganz rechts außen nach. Vor den Grenadinen.

Ursprünglich war man davon ausgegangen, dass die Abschussstelle für HARP irgendwo in der Wildnis nördlich von Quebec angesiedelt sein sollte, in der Nähe der McGill Universität. Aber Donald Mordell hatte eine bessere Idee. Das ultimate Ziel von HARP, so argumentierte er, sei es doch, eine Kanone als Startgerät für Erdsatelliten zu bauen. Aus diesem Grund wäre eine Abschussstelle in Äquatornähe wesentlich besser geeignet. Dort könnte man den Vorteil der Extrageschwindigkeit mitnehmen, die man durch die Erdrotation erhielt. Am Äquator ist dieser Vorteil wesentlich größer als in den nördlichen Breiten von Quebec. Da traf es sich günstig, dass just zu dieser Zeit die McGill Universität zwei Forschungsstationen auf der Insel Barbados unterhielten.
In den frühen 60er-Jahren war Barbados ein ziemlich verarmtes Land. So war die dortige Regierung mehr als glücklich, ein wissenschaftliches Projekt mit dem Potential von HARP aufnehmen zu dürfen. Auf einer Position von nur 13 Grad nördlicher Breite wäre die Insel ein exzellenter Ort für Satellitenstarts gewesen. Dazu gab es noch tausende von Kilometer freie Wasserfläche in Schussrichtung über den Atlantik. Man brauchte sich hier keine Sorgen zu machen, dass die Projektile bei ihrer Rückkehr aus der Stratosphäre irgendwelchen Unbeteiligten auf den Kopf fielen.

Ränkespiele

Im Oktober 1961 fuhr Bull nach Baltimore, um seinen alten Freund Charles Murphy zu besuchen. Der hatte es inzwischen zum Chef des BRL gebracht. Murphy war Artillerie-Mann aus Leidenschaft. Ein Projekt mit dem Potential von HARP war ihm leicht zu verkaufen und er stürzte sich sofort in die Organisation. In kürzester Zeit hatte er für das Vorhaben das größte Stück an Artillerie besorgt, das es im ganzen US-Arsenal gab: Eine Schlachtschiffkanone vom Kaliber von 41,7 Zentimetern mit allem Drum und Dran, vor allen Dingen riesige Mengen von Pulverladungen. Außerdem besorgte er einen Schwerlastkran um die Kanone vor Ort bewegen zu können und eine 750.000 Dollar teure Bahnverfolgungsanlage um die abgeschossenen Projektile mittels Radar beobachten zu können. Die großzügige Unterstützung durch die US-Army war genau das, was das Projekt HARP in dieser Phase brauchte. Natürlich war deren Zuwendung mehr als nur rein wissenschaftliches Interesse. Zu dieser Zeit befand sich die Army gerade in einem handfesten politischen Streit mit der Luftwaffe. Es ging um das Recht, Satelliten zu starten, das die Luftwaffe für sich alleine beanspruchte. Aber hatte nicht eine Armee-Rakete (Wernher von Brauns Jupiter C) den ersten US-Satelliten in den Weltraum gebracht? So sah die US-Army HARP als die Möglichkeit an, weiter Raumfahrtforschung zu betrieben, während sie gleichzeitig öffentlich verkündete, dass sie mit HARP lediglich in ein Vorhaben investierte, das sich mit der Weiterentwicklung schwerer Artillerie befasste. Die Sache ließ sich also gut an, und die Errichtung der Anlagen und Bauten für HARP

Eine 41,7 Zentimeter Schlachtschiff-Kanone dieses Typs bildete Bulls Grundausrüstung.

verlief ohne wesentliche Probleme. In Kanada aber waren Bulls politische Gegner am Werk, um HARP zu bekämpfen. Die Wunden der persönlichen Beleidigungen, die Bull ihnen zugefügt hatten waren noch nicht verheilt, und würden es auch nie werden, wie sich später zeigte.

Es fing zunächst damit an, dass sich das Verteidigungsministerium weigerte, die 500.000 Dollar herauszurücken, die es im Frühjahr versprochen hatte. Begründet wurde das damit, dass es sich bei McGill nicht um einen Industriebetrieb handelte. Hätte ein Privatunternehmen um die Unterstützung angesucht, so die Argumentation, dann hätte man die Förderung selbstverständlich sofort erteilt. Aber in diesem Fall, man bedaure das zutiefst, ginge das leider nicht, so argumentierten die Behörden.

Memos, Intrigen und Falschmeldungen begannen in Ottawa herumzuschwirren in denen alle möglichen Anschuldigungen gegenüber HARP verbreitet wurden. Sie besagten, dass HARP keinerlei neue Möglichkeiten aufzeige, dass das Projekt technisch niemals durchführbar sei und es sich im Übrigen dabei um nichts anderes handele als ein öffentliches Spektakel. Doch auch Bull beherrschte das politische Instrumentarium. Im März 1962 hielten er und Mordell eine großangelegte Pressekonferenz in der sie das Projekt HARP offiziell bekannt machten. Kernpunkt der Präsentation waren Modelle der »Martlets«. Das waren die Höhenforschungssonden, die Bull mit der Kanone abzuschießen gedachte. Sie waren nach einem stilisierten Vogel aus dem Wappen der McGill Universität benannt. Die Medien waren entzückt von dem Projekt, fanden Bull charmant und berichteten durchwegs äußerst positiv über das Vorhaben.

Natürlich war das Projekt HARP bei weitem nicht so weit fortgeschritten, wie Bull und Mordell es der Presse weismachen wollten. Aber

Pressekonferenz im März 1962. Bull ist der Vierte von links.

schlussendlich hielt er die Pressekonferenz ja weniger deshalb ab, um HARP der Welt bekannt zu machen, sondern vor allem, um sich die weitere Unterstützung der Führungsriege von McGill zu versichern.

Doch nun, nachdem die Aufmerksamkeit der Medien darauf ruhte, und vor allem mit der Unterstützung der US-Army, kam das Projekt HARP richtig in Schwung. Die McGill

Universität hatte nun keinen Ausweg mehr mit ihrer 200.000 Dollar Vorfinanzierung. Sie musste zahlen. Um die Kritiker zum Schweigen zu bringen, verkündete der Verwaltungsrat, dass HARP keineswegs von der Universität finanziert würde. Vielmehr sei es der »Wunsch der Regierungen Kanadas und der USA diese einzigartige Forschungseinrichtung zu nutzen«.
Im April begann man auf Barbados mit den Vorbereitungen. Zunächst wurde ein Geschützstand gebaut. Die Stellung musste so gestaltet werden, dass das Abschussrohr vertikal aufgestellt werden konnte. Im Mai war die Basis fertig und die gewaltige Kanone war auf dem Weg zu ihrer neuen Heimat in der Karibik. Man muss mit allem gebotenen Respekt zugeben, dass die US Army es an nichs fehlen ließ. Die Errichtung der HARP-Kanone auf Barbados entwickelte sich zur vielleicht größten Landungsaktion des US-Militärs in Friedenszeiten.
Die Rohrsegmente der Kanone wurden zunächst auf offene Waggons verfrachtet und kamen dann auf das Panzer-Landungsschiff USS John D. Page. Die zerklüftete Küstenlinie an der Stelle, wo das Geschütz sollte, erlaubte jedoch keine Anlandung. So musste die John D. Page die Teile sieben Kilometer entfernt an Land bringen. Dort begann man eine Schienenstrecke zu bauen, die Eisenbahnwaggons darauf zu stellen, und mit dem Transport zu beginnen. Dumm nur, dass die John D. Page nur 450 Meter an Gleisen dabei hatte. Das bedeutete, dass die Strecke hinter den Waggons immer wieder abgebaut werden musste, um sie vorne zu verlängern.

Schließlich erreichten sie den vorbereiteten Platz und begannen die Kanone samt Widerlager, Montierung und allem was dazu gehört, aufzubauen. Die Sache war langwierig und schweißtreibend, alleine das Rohr wog 40 Tonnen. Gegen Ende des Sommers 1962 war die Kanone aber aufgebaut und auch die anderen Anlagen näherten sich ihrer Vollendung. Es gab Werkstätten, Lagerhallen, Pulvermagazine, Telemetrie- und Radareinrichtungen und alles was man sonst noch brauchte. Bald sah es so aus, wie es eben an einem modernen Raumfahrtkomplex auszusehen hatte.
Nachdem nun alles klar war, hätte man mit der Forschungsarbeit beginnen können. Doch noch bevor der erste Testschuss abgefeuert wurde schlug das Schicksal zu: Die Kuba-Krise begann. Für das Projekt HARP hätte sie zu keinem ungünstigeren Zeitpunkt kommen können. Natürlich war für jeden klar, der sich auch nur oberflächlich mit der Anlage auf Barbados beschäftigt hatte, dass diese Kanone niemals als Waffe gegen Kuba verwendet werden konnte. Aber sollte es zum Krieg kommen, dann würden die Kubaner und die Sowjets HARP auf jeden Fall als potentielle Gefahr einstufen und mit Luftangriffen belegen. Abschüsse mit der Kanone waren in dieser Situation nicht möglich und so endete das Jahr 1962, ohne dass es zu einem einzigen Abschuss kam.

1963

Glücklicherweise endete die Krise bald. Im Januar 1963 war das HARP-Team zurück auf der Insel und bereit, die ersten Versuche durchzuführen. Zunächst war eine Serie von zwölf Testabschüssen geplant, bei denen Bull hoffte, den bestehenden Höhenrekord für

Ähnlich wie auf diesem Bild wurde auch die Barbados-Kanone auf Gleisen zu ihrem Standpunkt gebracht.

Kanonen zu brechen. Der war zwei Jahre zuvor aufgestellt worden, von seinen Kollegen vom BRL, und lag bei 70 Kilometern.
Am 20. Januar 1963 war es soweit. Es war zum ersten Mal in der Geschichte, dass eine Kanone von so gewaltigem Kaliber nahezu vertikal abgefeuert wurde. Aus der riesigen Flammen- und Rauchsäule der Kanonenmündung stieg bei diesem allerersten Schuss ein 315 Kilogramm schwerer hölzerner Testkörper in die Luft.
Mit einer Anfangsgeschwindigkeit von 3.600 Kilometern pro Stunde und einer Gesamtflugzeit von 58 Sekunden erreichte der Testkörper eine Höhe von 3.000 Meter und fiel dann einen Kilometer vor der Küste ins Wasser.

Nur einen Tag später wurde die erste Martlet 1 abgefeuert. Sie flog für 145 Sekunden und erreichte eine Höhe von 26 Kilometer. Am 1. Februar flog die zweite Martlet 1 auf eine Höhe von 27 Kilometer. Sie hatte erstmals einen Radiosender an Bord. Damit konnte die Flugbahn des Projektils genau vermessen werden. Mit insgesamt vier erfolgreichen Abschüssen endete die erste Serie.
Im April begann die nächste Serie, diesmal mit den neuen Martlet-2 Geschossen. Sie funktionierten hervorragend und mit ihnen begann die Erforschung der oberen Atmosphäre mittels von einer Kanone abgefeuerter Forschungssonden. Ende Juni hatten Bull und seine Leute auch schon den Höhenweltrekord für Kanonen gebrochen und eine Höhe von 92 Kilometern erreicht. In diesem Jahr begann auch die Entwicklung von Raketen, die mit der Kanone abgeschossen werden konnten. Die Entwicklung lief unter der Bezeichnung Martlet 3A. Die ersten Testschüsse begannen im September und dauerten bis zum Jahresende an. Schwer beeindruckt von den Ergebnissen, die

Martlet 1	
Einsatzzeitraum:	1963
Anzahl gebaut:	4
Davon abgeschossen:	2
Masse:	205 kg
Projektil-Durchmesser:	16,8 cm
Länge des Projektils:	178 cm
Maximal erreichte Höhe:	27 km

Martlet 1 war das Testprojektil der ersten Generation im Projekt HARP. Es diente dazu, die grundlegenden Technologien des Konzeptes zu erarbeiten. Vor allem die Holzschalungen des Treibspiegels mit seiner metallischen Bodenplatte, das Lösen der Schalung nach dem Verlassen des Rohres und die Funkübertragung vom Projektil.

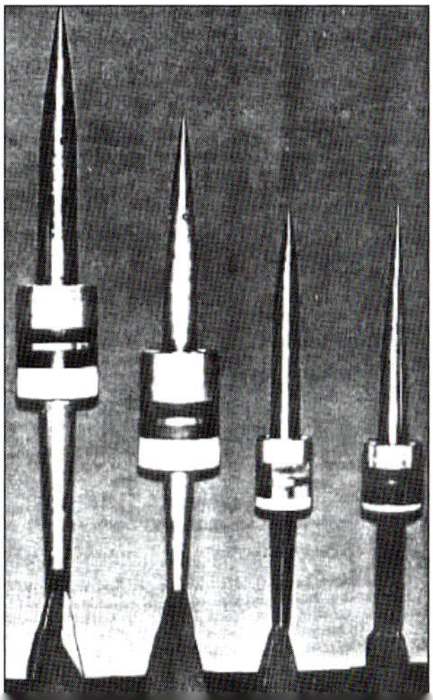

Einige Varianten der Martlet 2-Reihe.

Martlet 2	
Einsatzzeitraum:	1963 - 1967
Anzahl gebaut:	ca. 200
Davon abgeschossen:	169
Masse (nur Martlet 2):	84 kg
Masse (inkl. Treibspiegel):	190 kg
Projektildurchmesser:	13,0 cm
Länge des Projektils:	127 - 168 cm
Erreichte Höhen (ab 1965):	160 - 180 km
Flugzeit:	Bis 320 s
Beschleunigung:	Bis zu 15.000 g

Die Martlet 2 gab es in einer Reihe von Ausführungen. Die meisten davon wurden in den Varianten Martlet 2A, 2B und 2C eingesetzt. Dank ständiger Verbesserungen an der Kanone konnte die Abschussgeschwindigkeit von anfänglich 1.400 m/sec auf 2.100 m/sec gesteigert werden.

HARP erzielte, sicherte die US Army dem Vorhaben nun ein jährliches Budget von 250.000 Dollar zu.
Gegen Ende des Jahres waren 20 Martlet 2-Vehikel regelmäßig in Höhen um die 80 Kilometer vorgestoßen. Die wissenschaftliche Ausbeute war großartig und noch großartiger waren die Daten, welche die Amerikaner über die ballistischen Möglichkeiten ihres 41,7 Zentimeter-Geschützes und die Flugeigenschaften der Martlet-Vehikel bekamen.

1964

Das Jahr 1964 begann mit weiteren Martlet 2 Flügen. Allmählich bürgerte es sich ein, gleich zum Beginn eines jeden Jahres eine Serie von Abschüssen durchzuführen. Diese Kampagnen dienten mehreren Zwecken. Erstens war es aus wissenschaftlichen Gründen von Vorteil, Dätensätze der oberen Atmosphäre über einen längeren Zeitraum immer zur gleichen Jahreszeit zu gewinnen, und dann ging die Erkenntnis am Projektpersonal nicht vorbei, dass Barbados gerade in der Zeit des eisigen kanadischen Winters ein nicht zu verachtender Ort war.
Die Martlet 2 in ihren unterschiedlichen

Das Bild ist grieslig, aber es zeigt doch die komplette Martlet-2-Reihe und vor allem auf der linken Seite einen Schnitt durch einen (Teil-)»Sabot« in den das Projektil beim Abschuss eingehüllt war.

Varianten wurde schnell das Arbeitspferd des Programms und leistete als Träger für viele Nutzlasten wertvolle Dienste. Die Martlet 2 konnten für einen Preis von 3.000 Dollar in Abständen von etwa 50 Minuten gestartet werden. Dieser Preis und diese Schussfolge waren absolut unschlagbar, wenn man ihn mit dem zeitlichen und finanziellen Aufwand für die sonst eingesetzten Höhenforschungsraketen verglich. Über die Dauer des HARP Programmes wurden etwa 200 Vehikel aller Art verschossen. Projekt HARP war damit eines der erfolgreichste suborbitalen Höhenforschungsprogramme der Raumfahrtgeschichte.

Die US-Army erhöhte nun ohne große Umschweife das Budget der Wissenschaftler von 250.000 Dollar jährlich auf 1,5 Millionen. Ihre Haltung war ganz im Gegensatz zur kanadischen Regierung. Die wollte weiterhin nichts dazu beisteuern. Immerhin hatte ob dieser eindrucksvollen Erfolge die McGill Universität aber die Hoffnung, ihre Startfinanzierung von 200.000 Dollar vielleicht doch noch eines Tages zurückbezahlt zu bekommen.

Und es ließ sich gut an. Im März 1964 verständigte sich die Kanadische Regierung mit der US-Army über eine gemeinsame Finanzierung von HARP mit drei Millionen Dollar jährlich. Allerdings wurde entschieden, dass die Zahlungen der US Army zunächst an die danadische Regierung gehen sollten, die ihrerseits das Geld an die McGill Universität transferieren würde. McGill wiederum war zuständig für die Administration des Vorhabens. Doch waren HARPs finanzielle Schwierigkeiten damit keineswegs vorbei. Die McGill Universität musste das Vorhaben erneut aus eigener Tasche vorfinanzieren, weil sich jetzt ungeahnte administrative Schwierigkeiten in Kanada auftaten. Auch die alten Feinde von HARP in Ottawa begannen wieder, die Operation zu sabotieren. Die Finanzierung für die Periode vom Juli 1964 bis zum Juni 1965 wurde immer wieder verzögert. Schließlich musste die Universität mit 500.000 Dollar in Vorleistung gehen. Die Kanadische Regierung gab die Projektmittel, inklusive der Beteiligung der US-Army jedenfalls 10 Monate lang nicht frei. Dieser bürokratische Krieg sollte das Vorhaben bis an sein Ende verfolgen.

Martlet 3	
Einsatzzeitraum:	1963 - 1967
Anzahl gebaut:	10
Masse (inklusive Treibspiegel):	180 kg
Projektildurchmesser:	18,0 cm
Projektilantrieb:	einstufig, Feststoff
Länge des Projektils:	183 cm
Erreichte Höhe:	160 km
Theoretisch erreichbare Höhe:	ca. 500 km
Beschleunigung:	Bis zu 5.000 g

Die Martlet 3 gab es in den Ausführungen Martlet 3A bis Martlet 3E. Mit ihr wurden die Probleme artilleriegestarteter Feststofftreibsätze erprobt. Das (erwartete) Hauptproblem war, dass offene, geformte Abbrandflächen der Treibsätze bei Beschleunigen ab 4.000-5.000 g zum Kollabieren neigten. Insgesamt war die Serie wenig erfolgreich. Die gewünschten Abschussbeschleunigung von 15.000 g konnten nicht erreicht werden. Es wurde aber technische Lösungsansätze gefunden.

Die Kanone auf Barbados Mitte der 60er-Jahre.

Gerry Bull (links) vor der Highwater-Kanone.

Orbit-Verbot für HARP

Und es kam ein weiterer erschwerender Faktor hinzu. Die US-Army hatte nämlich in der Zwischenzeit ihren militärinternen Kampf um die Herrschaft bei Weltraum-Vorhaben an die Luftwaffe verloren. Als Ergebnis dieser Querelen durfte sie keine Vorhaben mehr unterstützen, die Starts in Höhen von mehr als 100 Kilometern vorsahen. Dies führte zu einer neuen Ausgestaltung des US-Anteils der HARP-Zuwendung. Ab jetzt durfte der Teil des Budgets, der sich mit dem Orbitalprogramm befasste, nur noch von der Kanadischen Regierung kommen. Das bemerkenswerteste Ereignisse des Jahres 1964 war jedoch die Eröffnung der »Highwater Test Range«. Man hatte es schon früh erkannt, dass es von Vorteil wäre, wenn man in der Nähe der McGill-Universtät eine zweite Testanlage zur Verfügung hätte. Dort könnte man neue Ideen schnell testen und umsetzen und müsste sich nicht immer erst auf die weite Reise zu den Kleinen Antillen machen. Es war auch schnell eine passende Stelle in der Nähe der Grenze zu den USA gefunden, ein Gelände das – eher mehr als weniger zufällig - Bulls Verwandtschaft gehörte. Für dieses Gelände unterzeichnete nun die McGill-Universität einen Pachtvertrag. Auch auf der »Highwater Test Range« wurde eine weitere 41,7-Zentimeter-Kanone installiert und schnell wurde sie für HARP genauso wichtig wie die Anlage auf Barbados. Sie konnte allerdings nur für horizontale Schüsse verwendet werden. Diese »Horizontal gun range« war etwa 1.000 Meter lang. Sie erlaubte es, neue Projektile und Systeme unter den Lasten des Kanonenabschusses zu erproben und das Verhalten der Martlets und ihrer Treibspiegel im freien Flug zu überprüfen. Dazu gab es eine Anzahl von Messpunkten entlang der Strecke. Die Werkstätten der Highwater Range wurden bald das Fertigungszentrum des Projektes. Die Unstetigkeit der Finanzierung stellte aber einige Anforderungen an die Improvisationskunst. Die großen technischen Leistungen, die dennoch

unter diesen schwierigen Rahmenbedingungen erreicht wurden, sind der Erfindungsgabe und der Expertise der HARP-Ingenieure und Handwerker zu verdanken.
1964 ging man auch daran, die Leistung der Kanone zu verbessern. Die primäre mechanische Methode dabei war es einfach, das Abschussrohr zu verlängern. Dafür gab es schon Erfahrungen, denn ein paar Jahre zuvor hatte das BRL Versuche damit gemacht, den Lauf einer Standard-Militärkanone zu verlängern, indem man einfach ein zweites Rohrstück auf das Basisrohr schweißte. Die Tests zeigten, dass sich die Mündungsgeschwindigkeit mit einem längeren Rohr erheblich erhöhen ließ. Der Grund liegt darin, dass es in dem längeren Rohr möglich ist, das Treibgas längere Zeit auf das Projektil einwirken zu lassen. Das wiederum resultiert in einer höheren Geschwindigkeit an der Rohrmündung, die man direkt in Höhengewinn umsetzen konnte.
Der erste noch recht improvisierte Versuch, das Kanonenrohr zu verlängern, wurde im September 1964 unternommen. Die Resultate bei den Abschussleistungen waren beeindruckend, allerdings hielt die Verlängerung nicht sehr lange durch. Sie brach im Dezember, beim elften Schuss. Die Ergebnisse zeigten aber, dass sich die Idee lohnte und so wurde eine verbesserte Verlängerung konstruiert.

1965

Das Jahr begann mit dem Umbau der Barbados-Kanone. Dafür mussten umfangreiche Arbeiten nicht nur am Geschütz selbst, sondern auch an der gesamten Anlage vorgenommen werden. Das Rohr war nun 40 Meter lang und 100 Tonnen schwer und musste mit umfangreichen Versteifungen und Verstärkungen versehen werden. Am Ende war die Barbados-Kanone das größte Stück Artillerie, das jemals praktisch eingesetzt wurde.
Mitte des Jahres war die Modifikation beendet, und HARP verschoss wieder regelmäßig seine Martlet-Forschungssonden. Auch in Highwater ging es voran. Das Programm machte gute technische und wissenschaftliche Fortschritte, trotz der ständig Finanzquerelen. In Highwater wurde eine neue 41,7 Zentimeter-Kanone installiert. Sie feuerte, genau wie ihre Vorgängerin, horizontal in eine Sandgrube auf der anderen Seite des Tals. Man nutzte sie, um die Leistung der Martlets zu verbessern. Hier konnte man genau beobachten und messen, was sich im Inneren der Kanone abspielte, wie das Flugverhalten nach dem Verlassen der Mündung war, und wie die Trennung des Treibspiegels vom Geschoß ablief.
Das Highwater-Geschütz bekam die gleiche Verlängerung, wie die Barbados-Kanone.

Martlet 4	
Einsatzzeitraum geplant:	Ab 1967
Masse:	1.300 kg
Durchmesser:	42,0 cm
Projektilantrieb:	Dreistufig, Feststoff
Länge des Projektils:	8,54 m
Geplante Umlaufbahn:	450 x 450 km
Beschleunigung:	Bis zu 4.500 g
Die Martlet 4 wäre das ultimate Produkt des HARP-Programms gewesen. Ein von der 41,7 Barbados-HARP Kanone abgeschossenes, dreistufiges Vehikel, mit dem ein kleiner Satellit in einen Erdorbit gebracht werden könnte.	

HARP: Orbitalschuss in fünf Schritten

1. Abschuss der Kanone: Nach Abschluss der Vorbereitungen wäre die Rakete, eingehüllt in ihren Treibspiegel, in die Kanone geladen worden. Das Rohr wäre auf den Startwinkel gebracht worden und dann wäre der Abschuss erfolgt. Die Cordit-Ladung wäre so bemessen gewesen, dass das Projektil den Lauf mit einer Geschwindigkeit von 1.370 m/sec verlassen hätte. Die Startbeschleunigung hätte etwa 5.000 g betragen. Der Abschuss in den gezogenen Läufen der Kanone hätte dem Projektil eine Drallstabiliserung mitgegeben. Unmittelbar nach dem Abschuss wären Stabilisierungsflossen ausgeklappt worden.
2. Zündung Stufe 1: Nach 45 Sekunden hätte die Rakete eine Höhe von 26,5 Kilometern erreicht. Die Geschwindigkeit wäre durch Luftwiderstand und die Gravitationsverluste auf 1.072 m/sec gefallen gewesen. Jetzt hätte die erste Stufe gezündet. Brennzeit: 20 Sekunden. Geschwindigkeit danach: 3.520 m/sec. Höhe bei Brennschluss: 40 Kilometer. Dann hätte sich die erste Stufe vom Rest des Vehikels getrennt.
3. Zündung Stufe 2: 75 Sekunden nach dem Abschuss wäre die 2. Stufe gezündet worden. Auch deren Brennzeit hätte 20 Sekunden betragen. Nach Brennschluss wäre eine Geschwindigkeit von 5.790 m/sec. erreicht gewesen. Die Flughöhe hätte 78,5 Kilometer betragen. Dann wäre eine 395 Sekunden lange Phase im ballistischen Freiflug erfolgt, in der das Projektil auf die gewünschte Orbithöhe gestiegen wäre.
4. Zündung Stufe 3: 490 Sekunden nach dem Kanonenabschuss hätte die dritte Stufe gezündet. Auch sie hätte eine Brennzeit von 20 Sekunden gehabt. Danach hätte das Vehikel in einer Höhe von 430 Kilometern eine Geschwindigkeit von 7.653 m/sec aufgewiesen. Gleich nach Brennschluss hätten sich Satellit und dritte Stufe voneiander getrennt.
5. Orbiteinschuss: 45 Minuten nach der Trennung von der dritten Stufe hätte ein kleiner Feststoffmotor, der mit dem Satelliten verbunden war, für etwa eine Sekunde gezündet und damit aus dem bislang leicht elliptischen einen kreisförmigen Orbit gemacht.

Links: Die Barbados-Kanone von HARP im Jahre 2009.

Allerdings war es aufgrund ihres niedrigen Schusswinkels nicht notwendig, sie in gleicher Weise zu verstärken, wie das Gerät in der Karibik, da sie ja nahezu horizontal schoss. Stattdessen erhielt sie eine Serie von Stahlträgern untergebaut, so dass sie danach ein wenig wie eine Brückenkonstruktion aussah. Später wurde diese Kanone übrigens noch einmal verlängert und war am Ende unglaubliche 53 Meter lang. Die Highwater-Kanone hält damit bis auf den heutigen Tag den Weltrekord für die längste Großkaliberkanone.
Das Jahr 1965 war der Höhepunkt der HARP-Forschung. Die McGill-Universität schwelgte sich im Ruhm dieser Weltklasse-Anlage.
Doch trotz der großen technischen Fortschritte schwelte es weiter im Hintergrund.
Die Bürokraten in Ottawa ließen keine Anstrengung unversucht, das Vorhaben zu torpedieren. Die versprochene kanadische Finanzierung wurde erneut um 10 Monate in das Haushaltsjahr hinein verschoben, und wieder musste die Universität einen Vorschuss leisten. Der Entwicklungsbeginn der Martlet 4, der Orbitversion der Martlet-Serie und das eigentliche Ziel HARPs, musste immer weiter hinausgeschoben werden.

1966

Zu Beginn des Jahres 1966 waren die Feinde des HARP-Programmes erneut dabei, das Projekt mit allen Mitteln zu sabotieren. Sie verbreiteten Gerüchte, dass die kanadische Regierung daran dächte, bei dem Vorhaben den Stecker zu ziehen. Vorschläge kursierten, wie man die HARP-Mittel anderweitig einsetzen konnte und generell wurde der Wert des Vorhabens in Frage gestellt.
Hätte es nicht den unermüdlichen Donald Mordell gegeben, Gerry Bull hätte seine Arbeit bald einstellen müssen. Mordell betrieb permanentes Lobbying für das Vorhaben. In der Regierung, in privaten Kreisen und in den Medien.
Das Jahr 1966 lief zwar gut an und die Starts in große Höhen verliefen viel versprechend, wäre da nicht der permanente Druck wegen der Unsicherheit der Finanzierung gewesen.
Die Arbeiten an der Martlet 4 gerieten immer mehr ins Stocken. Die ständigen Verzögerungen in der Mittelzuweisung führten schließlich dazu, dass Ende April erstmals Mitarbeiter entlassen werden mussten.
Auf der anderen Seite der Grenze war es den amerikanischen Partnern nicht entgangen, das das Projekt HARP in schwerem Seegang um das Überleben kämpfte. In typisch amerikanischem Pragmatismus entschieden die US-Army, dass sie eine eigene 41,7 Zentimeter HARP-Kanone brauchten, um nicht von wild gewordenen kanadischen Bürokraten und der Startanlage auf Barbados abhängig zu sein.
So wurde das dritte und letzte Geschütz des HARP Programms in den Yuma-Proving Grounds in Arizona installiert. Die Kanone war weitgehend identisch mit der Barbados-Kanone, hatte aber alle Verbesserungen integriert, die man in Barbados und Highwater erarbeitet hatte. Doch die Karriere der Yuma-Kanone währte nur kurz. Sie absolvierte nur wenige Schüsse, darunter einen, der ihr ewigen Ruhm einbrachte. Am 18.November 1966 brachte sie eine Martlet 2 auf eine Höhe von 180 Kilometern. Das ist ein Weltrekord für Artilleriegeschosse der noch heute steht.
In Kanada konnte HARP dem enormen Druck, dem sich das Projekt seitens der Behörden ausgesetzt sah, nicht mehr standhalten. Im November 1966 verkündete die kanadische Regierung, dass das Projekt HARP ab dem 1. Juli 1967 nicht mehr gefördert würde. Die Kritiker von HARP verlangten jedoch ultimativ, dass die Projektfinanzierung auf der Stelle enden sollte. Sie wüteten sogar gegen diese kleine Verlängerung.

Bull konnte die Regierung noch einmal überzeugen, zumindest diese paar extra Lebensmonate zu gewähren. Dazu heckte Gerry Bull einen ebenso verzweifelten wie abwegigen Plan aus. Er garantierte persönlich, dass HARP bis Ende Juni 1967 finanziell auf eigenen Beinen stehen und nicht länger kanadische Fördermittel in Anspruch nehmen würde. Bull's Garantie beruhte auf reiner Spekulation, aber sie garantierte ihm zwei Quartale lang Ruhe.
Für die Regierung war es ein guter Deal. Es nahm jede Verantwortung für die potenzielle Einstellung des Programms von den Schultern der Behörde und lastete sie Gerry Bull auf. Für den Preis dieser kleinen Gnadenfrist konnte sie ihr Gesicht wahren. Für das Projekt bedeutete es allerdings, dass nun in fliegender Eile große Veränderungen vorgenommen werden mussten. Suborbitale Forschungsflüge sorgten nicht für ausreichend Einkommen um ein fortlaufendes Projekt zu finanzieren. Es war notwendig, einen Satelliten in eine Umlaufbahn zu bringen.

Noch einmal zwei Jahre später. Die Barbados-Kanone ist dem Verfall preisgegeben.

Irgendeinen Satelliten, ganz gleich, wie klein er auch sein mochte. Nur um zu beweisen, dass dieses Ziel erreichbar sei. Ein solcher Beweis, so hoffte Bull, würde die Regierung zu weiteren Investitionen in das Orbitalprogramm bewegen.
Die kanadische Entscheidung hatte eine ebenso unmittelbare wie unerwartete Auswirkung der US-Unterstützung für HARP. Der Krieg in Vietnam verschlang immer größere Summen, und die Army durfte sich ohnehin nicht länger mit Weltraum-Operationen beschäftigen. Da kam die kanadische Entscheidung gerade recht als Ausrede dafür, dass auch die Amerikaner den Stecker zogen. Das geschah derart abrupt und unerwartet, dass eine Serie von Testschüssen, die gerade in Yuma absolviert wurden, in der Mitte des Programms von einem Tag auf den anderen abgebrochen wurde. Es durften noch nicht einmal mehr die Daten analysiert werden, die bereits gesammelt worden waren.
HARP war jetzt in einer brenzligen Situation. Ohne finanzielle Unterstützung begann

der Betrieb des Projektes jetzt schnell zu zerbröckeln. Alle aktiven Forschungsvorhaben kamen zum Stehen. Die Anlagen auf Barbados und in Highwater mussten teilweise geschlossen werden. Fast das gesamte Personal wurde entlassen. Aber um die Essenz des Programms noch zu retten, arbeiteten jetzt Gerry Bull und eine kleine Gruppe von Ingenieuren bis zum Umfallen um nun in Windeseile das zu entwickeln, weswegen die ganze Aktion vor Jahren begonnen hatte: Einen Satellitenträger. Doch das Martlet 4-Programm war hoffnungslos hinter seinem Zeitplan.

1967

Das neue Jahr brachte weder Freude noch Hoffnung für HARP. Der Verlust der Regierungsfinanzierung brachte auch die Unterstützung der teilnehmenden Universitäten und der Industrie zum Stillstand. Nachdem praktisch keine Anlagen mehr in Betrieb waren, konnte auch kein wirkliches Forschungs- und Entwicklungsprogramm mehr durchgeführt werden. Die wenige Abschüsse, die in diesem Jahr durchgeführt wurden, nutzten die Fluggeräte und Treibladungen, die man noch auf Lager hatte.
Bull versuchte nun, eine US-Universität zu finden, die bereit wäre, bei HARP einzusteigen. Das hätte jegliche kanadische Regierungsbeteiligung eliminiert und es der US-Army erlaubt, ihre Finanzierung für das Vorhaben wieder aufzunehmen. Zwei Universitäten zeigten sich auch interessiert, aber keine von beiden konnte das Geld auftreiben, um das Programm weiterzuführen.
Sowohl für Martlet 4 als auch für eine Ersatzentwicklung mit der Bezeichnung GLO-1A (eine modifizierte Martlet 2E) war es nun zu spät, obwohl in den letzten Monaten noch bemerkenswerte Fortschritte erzielt wurden. Die Arbeiten wurden in den Highwater Werkstätten durchgeführt und im Frühjahr wurden noch Abschusstests mit der Strukturzelle der Projektile durchgeführt. Doch bald zeigte sich, dass es bis zum Juni nicht zu schaffen war. Schließlich musste Gerry Bull aufgeben. HARP war tot.

Später

Es ist heute nicht mehr nachzuvollziehen, welcher Hass und welche unglaubliche destruktive Energie sich in der kanadischen Regierung gegen das Projekt entwickelt hatte. Sie ist mit einiger Sicherheit in ihrem Kern auf Bulls unkollegiales und arrogantes Verhalten während seiner Zeit beim CADRE zurückzuführen. Die Repräsentanten der Regierung setzten alles daran, das Vorhaben nicht nur einzustellen, sondern zusätzlich alle

Im Jahre 1993 erschien eine Biografie des Lebens von Gerry Bull.

Anlagen vollständig zu vernichten und die Kanonen zu zersägen und zu verschrotten. Die Vorbereitungen dazu waren schon voll im Gange, da zog Bull einen allerletzten Trumpf aus dem Ärmel. Er erschien mit einem Rechtsanwalt im Schlepptau in der Verwaltung der McGill-Universität, berief eine Besprechung ein und forderte die wortgetreue Erfüllung aller Leasing-Klauseln für die Highwater-Testrange. Das Gelände war von der Universität von einer Immobiliengesellschaft namens »Giltaur« geleast worden, und die wurde von wenigen Jahren von einer reinen Wildnis in eine intensiv genutzte Immobilie verwandelt worden. Um die Abschussanlage zu installieren, waren massive Aushubarbeiten nötig gewesen. Zahlreiche Gebäude waren entstanden, Straßen waren gebaut und geteert worden. Es hätte weit über eine Million Dollar gekostet, das alles wieder in seinen ursprünglichen Zustand zurück zu versetzen. An dieser Stelle wurde das Meeting unterbrochen, während sich die Parteien zurückzogen um ihre Positionen abzustecken. Dann zog Bull seinen Trumpf

Gerry Bulls letztes großes Werk: Die Babylon-Kanone.

Bulls Familie kontrolliert. In diesem Vertrag gab es eine Klausel, die besagte, dass die Universität das Gelände bei der Kündigung des Leasingvertrages wieder in seinen ursprünglichen Zustand zurückversetzen musste. Das Highwater-Testgelände war jedoch in den aus der Tasche und legte einen Vorschlag auf den Tisch. Im Austausch auf den Verzicht der Erfüllung der Vertragsklausen sollte die McGill-Universität alle Immobilien auf Barbados und Highwater auf Gerry Bull überschreiben. Die an die Wand gedrängte Universität stimmte

zähneknirschend zu. Und so wurden alle Anlagen von HARP auf Bull transferiert und in eine Gesellschaft mit der Bezeichnung »Space Research Institute Inc. (S.R.I.)« eingebracht.
Im Januar 1968 unterzeichnete Bull ein Abkommen mit der Norwich Universität in Vermont für die Übernahme der Administration des Institutes. Die Universität wollte das aber nur unter der Voraussetzung tun, dass er einen Finanzier dafür finden konnte. Im Mai 1968 gelang ihm das tatsächlich. Die Familie Bronfman, denen die Seagrams-Spirituosenfabrik gehörte, interessierte sich für das Programm und war bereit sich zu beteiligen. Die neu gegründete Organisation trug den Namen »Space Research Corporation«.
Die »Space Research Corporation« war nun der Erbe von HARP und wurde schnell zu einer renommierten ballistischen Forschungsanstalt. Zunächst wollte Bull seine Satellitenpläne noch weiter vorantreiben, die er bis zuletzt nie aufgab. Unglücklicherweise gingen aber Geschäft und Wissenschaft nicht Hand in Hand. Um die Rechnungen seines Institutes und die Gehälter der Mitarbeiter bezahlen zu können war er immer häufiger dazu gezwungen, Aufträge militärischer Organisationen anzunehmen. Bald war er als Berater der Armeen der gesamten Welt unterwegs. Auch für die Armeen eher dubioser Staaten. Dabei war Bull keineswegs ein Militarist. Er trug nie eine Uniform, gehörte nie einer Armee an und besaß noch nicht einmal eine Pistole. Er liebte einfach die Beschäftigung mit den Kanonen und er war fasziniert von ihnen.

Noch später

Sein Spezialgebiet war und blieb die Entwicklung von Artillerie für sehr große Reichweiten. Mitte der 70er-Jahre entwickelte er für Südafrika mit der ausdrücklichen Ermutigung des CIA eine Spezial-Haubitze für den Krieg gegen Angola. Die wurde im Krieg gegen Angola benötigt. Mit Hilfe der neuen Kanone waren die Südafrikaner in der Lage, die Angolaner zu stoppen. Dann wurde Jimmy Carter zum Präsidenten gewählt. Südafrika wurde über Nacht vom wertvollen Verbündeten zum Paria der Weltgemeinschaft. Bull wurde des illegalen Waffenhandels mit einem rassistischen Regime bezichtigt, angeklagt, und wanderte für sechs Monate ins Gefängnis.
Als er aus dem Gefängnis entlassen wurde, war er ein gebrochener und verzweifelter Mann. Er verließ Kanada und ließ sich in Brüssel nieder. Er suchte überall bei seinen alten Kontakten nach Arbeit und hatte schließlich eine Beratertätigkeit für China und den Irak gefunden. Der Irak aber war gerade mitten im Krieg mit dem Iran. Sie kauften auf seine Empfehlung hunderte von Bulls Haubitzen aus Südafrika und Österreich. Die Kanonen waren tödlich in dem offenen Gelände zwischen dem Irak und dem Iran, wo es keinen Schutz vor den Splittern der Granaten gab. Die Iraker waren beeindruckt, und beschlossen Bull direkt anzuheuern.
Und nun sah Gerry Bull eine letzte Chance für seine Satellitenkanone. Bull überzeugte die Irakische Führung, dass der einzige Weg in den Club der Supermächte aufgenommen zu werden, ein eigenes Satellitenprogramm wäre. Israel hätte das ja schließlich auch. Die Superkanone würde einen ebenso preiswerten wie eindrucksvollen Weg bieten, um den Orbit zu erreichen. Er nannte das Projekt »Babylon«. Babylon hatte, das war jedem auch nur mit geringem militärischen Grundverstand klar, keinerlei militärischen Nutzen. Allein das Geschützrohr war 150 Metern lang, einen Meter dick und wog 2.100 Tonnen. Die Babylon-Kanone konnte nicht einen Meter bewegt werden. Sie wäre mit einem einzigen gezielten Luftangriff zu zerstören gewesen. Israel hatte den Irak bereits einmal bombardiert, als es dort 1981 einen Kernreaktor zerstörte. Es gab keinen Zweifel, dass sie es jederzeit wieder tun würden, wenn es sich angegriffen fühlen würde. Bull war sich im Klaren über die Gefahr, die daraus

Das blieb von der Babylon-Kanone. Einige Rohrsegmente, die heute in Fort Nelson in den USA liegen.

resultieren konnte, und informierte den Mossad über das Unterfangen.
Aber es gab da noch ein Projekt, von dem er sich sicher war, dass Israel es nicht dulden würde. Und das erzählte er dem Mossad nicht. Als Gegenleistung für die Unterstützung seiner Superkanone hatte der Irak verlangt, dass er sie bei der Entwicklung einer aus der russischen SCUD abgeleiteten Mehrstufenrakete unterstütze. Um seinen Traum von der Weltraumkanone verwirklichen zu können stimmte Bull zu. Das war sein Todesurteil.
Er hatte recht, dass sich Israel keine Sorgen wegen der Superkanone machte. Die Sorge des israelischen Geheimdienstes galt jedoch der Rakete, mit welcher der Irak Tel Aviv und Jerusalem erreichen konnte.
Am späten Abend des 22. März 1990 näherte sich Bull seinem Appartementgebäude in Brüssel, wo er im sechsten Stock wohnte. Zwei Männer traten von hinten an ihn heran und schossen ihm fünf Mal in den Hinterkopf. Niemand hörte es, denn sie benutzten Schalldämpfer. Niemand fasste sie jemals. Niemand wurde jemals in dieser Sache verhaftet.
Nach seinem Tod demontierte der Irak die Superkanone. Die Träume von Jules Verne und Gerry Bull Traum blieben unerfüllt. Bis auf den heutigen Tag wurde kein Satellit mit einer Kanone gestartet.

Manned Orbiting Laboratory MOL

Die Idee einer bemannten militärischen US-Beobachtungsstation im Weltraum nahm im Juni 1959 konkrete Gestalt an. Ihre Crew sollte mit einer vergrößerten Variante der damals gerade in Entwicklung befindlichen Mercury-Kapsel in den Weltraum gebracht werden. Dieses Raumfahrzeug wurde als »Mercury Mark II« bezeichnet. Eine Reihe von Studien um diese Kapsel, die bald danach in Gemini umbenannt wurde, kulminierten schließlich im Mai 1963 in einem Entwurf der Avco Corporation für eine militärische Raumstation. Hauptzweck dieser Station, die aus drei jeweils etwa sechs Meter langen Modulen bestehen sollte, war die Forschung. Man wollte damit feststellen, unter welchen Bedingungen und wie lange Menschen im Orbit leben und arbeiten konnten. Jedes der einzelnen Module, und die Gemini mit der Besatzung, sollten mit einer Titan II-Rakete in den Weltraum gebracht werden.

Manned Orbiting Laboratory mit Gemini B – künstlerische Darstellung.

Dieses bemannte militärische Raumlabor, das kurz darauf den Namen »Manned Orbiting Laboratory (MOL)« erhielt, war zunächst als Mehrzweck-Raumstation geplant. Mit ihr sollte militärisch ausgerichtete Raumfahrtforschung genauso betrieben werden wie die Beobachtung der Sowjetunion mit Kameras und elektronischen Abhörmitteln. Das MOL war Teil des bemannten Raumfahrtprogramms der US-Luftwaffe und wurde am 10. Dezember 1963 offiziell ins Leben gerufen. Es war derselbe Tag, an dem das Vorhaben X-20 Dyna-Soar eingestellt wurde.

Hauptauftragnehmer für MOL war McDonnell Douglas, dasselbe Unternehmen, das auch die Gemini Kapsel herstellte. In seiner ursprünglichen Auslegung war MOL als Labormodul von 4,20 Metern Länge und gut drei Metern Durchmesser gedacht. In diesem Labormodul sollten sich die Astronauten in »Hemdsärmel-Atmosphäre« bewegen können.

Technische Aspekte

Die zweiköpfige Besatzung des MOL sollte zusammen mit ihrem Raumlabor in einer modifizierten Gemini-Raumkapsel mit der Bezeichnung »Gemini-B« gestartet werden und danach bis zu 40 Tagen im Orbit verbringen. Die Gemini wäre dabei fest mit dem Labormodul verbunden und erst am Ende der Mission abgetrennt worden, um die Astronauten und ihr Forschungs- oder Filmmaterial zur Erde zu bringen. In einigen früheren Varianten war es vorgesehen, die Station mehrmals zu bemannen. Andere Versionen sollten nur einmal bemannt fliegen und nach der Trennung der Gemini vom Laborteil aufgegeben werden.

Die Kapsel befand sich an der Spitze eines zylindrischen Labors mit etwa drei Metern Durchmesser und knapp zwölf Metern Länge. Daran schloss sich ein so genanntes Missionsmodul an, das seinerseits etwa zehn Meter lang war. Die Gesamtkombination einschließlich der Gemini mit dem Adapter zum Laboratorium war gut 26 Meter lang und wog knapp 15 Tonnen. Die zweisitzige Gemini-B war ohne den Adapter zum Labor 3,40 Meter lang, mit dem Adapter waren es 4,80 Meter. Die Hauptkabine war maximal 4,50 Meter lang und hatte einen Außendurchmesser von 3,1 Metern. Nach dem Apollo 1-Feuer auf der Startrampe,

bei dem drei Astronauten ums Leben gekommen waren, wurde die Kabinenatmosphäre von reinem Sauerstoff auf eine Mischung aus Helium und Sauerstoff umgestellt. Beim Start atmete die Crew in ihren Anzügen reinen Sauerstoff, während die Kabine mit Helium gefüllt war. Während des Starts wurde die Kabinenatmosphäre dann gemischt. Ein Nachteil dieser Methode wäre es gewesen, dass die Crew danach mit »Mickymaus-Stimmen« sprechen würde. Doch nahm man das für die Feuersicherheit in Kauf.
Die Gemini B war mit ähnlichen Schleudersitzen wie die NASA-Gemini ausgerüstet. Sie hatten Zero-Zero-Fähigkeiten, konnten also schon benutzt werden, während die Rakete noch auf der Startrampe stand. Danach waren sie bis in einen Höhenbereich von etwa 15 Kilometern verwendbar. Auch für einen Zwischenfall bei der Landung (sollte sich beispielsweise der Fallschirm nicht richtig öffnen) hätten sie eingesetzt werden können.

Bis in eine Höhe von etwa 15 Kilometer hätten sich die Astronauten mit den Schleudersitzen in Sicherheit bringen können.

Um die höheren Eintrittsgeschwindigkeiten aus dem polaren Orbit bewältigen zu können, wurde der Durchmesser des Hitzeschildes vergrößert. Das hatte zur Folge, dass er an der stumpfen Basis des Raumfahrzeugs nun ein wenig überstand. Das kombinierte Orbitmanöver- und Lageregelungssystem aus dem Gemini-Programm wurde überarbeitet. Das Orbit-Manöversystem war nun gar nicht mehr nötig, da die Kapsel die meiste Zeit an der MOL-Station festgekoppelt gewesen wäre. Dafür wurde die Anzahl der Feststoff-Retroraketen von vier auf sechs erhöht. Sie dienten einem doppelten Zweck: Einmal natürlich als Bremsraketen für die normale Rückkehr aus dem Orbit, aber auch als Startrettungssystem, für den Fall eines Versagens der Trägerrakete nach dem Zeitpunkt, an dem die Schleudersitze noch verwendet werden konnten. Für den Test der neuen Kapsel sollten zwei unbemannte Testflüge auf der Titan IIIM durchgeführt werden.

Dieses Foto entstand im Juli 2007. Es zeigt die für den MOL-Flugtest am 3. November 1966 verwendete Gemini-Kapsel. Der etwas »überstehende« Hitzeschild ist hier gut zu erkennen. Der Mann rechts ist niemand anders als Bob Crippen, Ex-MOL-Astronaut, Ex-Shuttle Pilot und Kommandant und ehemaliger Chef des Kennedy Space Centers.

Die Gemini-B hätte mit Ausnahme der Landung nicht autonom fliegen sollen. Nachdem die Kombination aus MOL und Gemini-B den vorgesehenen Orbit erreicht hätte, sollte die Crew alle Kapselsysteme stilllegen, die Sitze verlassen (was in der extrem engen Gemini keine leichte Sache gewesen wäre) und wäre dann durch die Luke in den Transfertunnel und von da in das MOL hinübergeschwebt. Nach 30 Tagen wären die beiden Astronauten wieder in die Gemini-B zurückgekommen, hätten die Systeme wieder hochgefahren, sich vom MOL getrennt und wären nach Hause geflogen. Die Gemini-B konnte alleine, ohne das MOL, nur 14 Stunden lang betrieben werden.

Gemini B-Mockup. Der Transfertunnel für die Crew zum MOL ist hier gut zu erkennen.

Gewicht und Größe dieser Orbitaleinheit erforderten einen neuen, massiven Träger. Gewählt wurde dafür eine Variante der bereits in Entwicklung befindlichen Titan-III, welche die Bezeichnung Titan-IIIM tragen sollte. Ihr Hauptunterscheidungsmerkmal zur »normalen« Titan III war, dass ihre Booster mit sieben Feststoffsegmenten ausgestattet sein sollten, anstelle der üblichen fünf Segmente. Der Startschub dieses Trägers hätte 1.350 Tonnen betragen sollen.

Fünf Jahre MOL

Am 5. Juni 1964 gab Verteidigungsstaatssekretär Eugene Zuckert bekannt, dass drei Unternehmen beauftragt worden seien, Studien an der bemannten militärischen Raumstation zu beginnen: Die Douglas Aircraft Company, General Electric und die Martin Corporation. Am 25. August 1965 gab Präsident Johnson das Projekt-Budget in Höhe von 1,5 Milliarden Dollar offiziell frei. Dieses Programm, so sagte er damals, »erweitert das Wissen über das, was der Mensch im Weltraum vollbringen kann«. Weiter meinte er: »diese Fähigkeiten werden uns in die Lage versetzen, sie nutzbringend für die Verteidigung Amerikas einzusetzen«. Am selben Tag verkündete das Verteidigungsministerium, dass MOL sowohl von Cape Canaveral, als auch von der Luftwaffenbasis Vandenberg aus starten werde. Die Bauarbeiten für den »Space Launch Complex 6« in Vandenberg begannen am 12.März 1966.

Die Titan IIIC wurde für die MOL-HSQ-Mission konstruktiv so verändert, dass sie äußerlich und strukturell der geplanten Titan IIIM glich.

Am 3. November 1966 fand die einzige Raumflugmission des gesamten MOL-Programms statt. Es war ein unbemannter Testflug, die so genannte »MOL-HSQ-Mission« (MOL Heat Shield Qualification). Sie

diente der Erprobung eines MOL-Mockups für die Überprüfung der aerodynamischen Startkonfiguration sowie des modifizierten Hitzeschutzschilds des Gemini-B-Raumschiffs. Die Mission begann auf einer Titan IIIC-Rakete vom Startkomplex 40 der Cape Canaveral Luftwaffenbasis. Die dabei verwendete Landekapsel des Gemini-B-Raumschiffs war die schon einmal geflogene Gemini 2-Kapsel. Sie war damit die einzige Gemini-Kapsel (und bis zum heutigen Tag die einzige Raumkapsel überhaupt), die je mehr als einmal verwendet wurde.
Die Raumstation wurde bei diesem Flug durch einen modifizierten Titan 2-Tank repräsentiert. Das erlaubte es, die aerodynamischen Lasten im Zusammenhang mit einem wirklichen MOL-Start in den Orbit zu testen. In der Länge entsprach es genau den Abmessungen der MOL/Titan IIIM Konfiguration. Es ist möglich, aber nicht belegt, dass auch ein Teil der MOL-Ausrüstung selbst bei dieser Mission erprobt wurde. Zum Zeitpunkt des Start von MOL-HSQ plante die Air Force den Beginn der operationellen Einsätze für das Jahr 1971. Im März 1968

Start der Titan IIIC mit der Gemini 2-Kapsel an der Spitze zur MOL-HSQ-Mission.

Manned Orbiting Laboratory MOL	
Programmbeginn:	10. Dezember 1963
Programmende:	20. Juni 1969 20. Juni 1969
Crew:	2
Länge:	21,92 m
Durchmesser:	3,05 m
Kabinenvolumen:	11,3 m^3
Startmasse:	14.500 kg
Orbithöhe:	250 – 300 km
Bahnneigung:	27 Grad oder 98 Grad
Energieversorgung < 30 d:	Brennstoffzellen
Energieversorgung > 30 d:	Solargeneratoren
Verfügbare Energie:	2 kW
Erstflug:	3. November 1966

waren die Qualifikationstests für die meisten Ausrüstungsteile bereits in vollem Gange. Das Mockup der Station war fertig gestellt und die Strukturtests wurden durchgeführt.
Am 27. April 1969 wurde der große, aus sieben Einzelsegmenten bestehende Feststoffmotor der Titan IIIM erfolgreich getestet.
Am 10. Juni 1969 gab das US-Verteidigungsministerium die Einstellung des Vorhabens bekannt. Bis dahin waren 1,5 Milliarden Dollar an Kosten aufgelaufen. Weitere 1,5 Milliarden, so wurde geschätzt, hätte das Projekt bis zur Durchführung des fünften Fluges gekostet. Dieses Geld wollte man sparen. Die Bauarbeiten an der zu 90 Prozent fertig gestellten Startanlage in Vandenberg, dem »Slick 6«, brachte man noch zu Ende. Danach wurden etwa 10.000 Arbeiter und Ingenieure entlassen.

MOL – Die Aufklärungsstation

Schon sehr früh im Programm änderte sich die Aufgabenstellung vom ursprünglich geplanten Mehrzwecklabor immer weiter hin zur bemannten Aufklärungsraumstation. Diese Aufgabe stand zwar schon von Anfang an mit im Programmrahmen für das MOL, wurde bald aber sein ausschließlicher Zweck. Das MOL-Programm sollte Bestandteil des nationalen satellitengestützten Aufklärungsprogramms werden. Zentrales Element dieser bemannten Spionageplattform war eine gewaltige Kamera mit der Bezeichnung »KH-10 Dorian«. Nach ihr hätte man auch das gesamte Programm benannt.
Von Anfang an gab es Probleme mit den Anforderungen der Nachrichtendienste. Sie wollten das ganze MOL-Aufklärungsprogramm vollständig geheim halten und in aller Stille und unter völligem Ausschluss der Öffentlichkeit abwickeln. Dagegen stand die Realität, mit der sich die Luftwaffe konfrontiert sah. Ein Raumfahrt-Großprogramm dieser Größenordnung war schon wegen des Umfangs der benötigten Anlagen und der immensen Größe der eingesetzten Raketen nicht geheim zu halten.

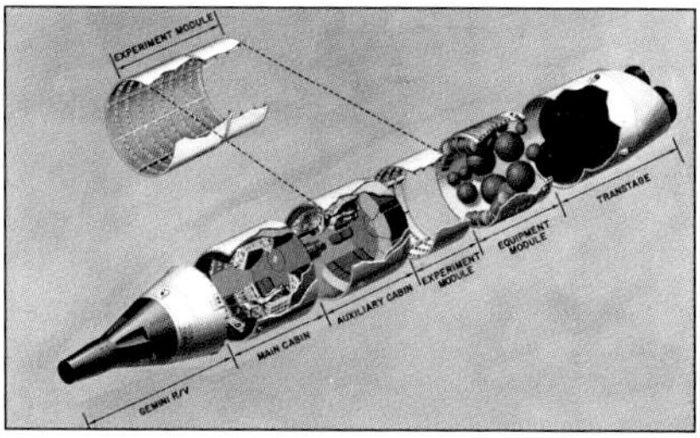

In den ersten Jahren des Programms war MOL als bemannte Mehrzweck-Raumstation geplant. Hier ein Ausrüstungsvorschlag aus diesen Tagen.

Die Planung für ein bemanntes, weltraumgestütztes Überwachungsprogramm lief schon seit Ende der 50er-Jahre. Das ursprüngliche System, welches das Kürzel SR-178 trug, sah vier mit jeweils drei bis sechs Astronauten besetzte Orbitalplattformen vor. Es sollte mit seinerzeit bahnbrechenden Fähigkeiten und Ausrüstungselementen ausgestattet sein. Beispielsweise mit einer hochauflösenden Kamera, die Oberflächendetails von weniger als einem Meter Größe erkennen konnte, eine Infrarot-Kamera mit neun Meter Auflösungsvermögen pro Bildpunkt, ein Seitensicht-Radar mit sechs Metern Auflösungsvermögen und einem ausgefeilten elektronischen SIGINT-System (Signal-Intelligence) mit leistungsfähigen Antennen. Bis 1965 reduzierte sich der Umfang immer mehr. Die optische Ausrüstung begann das System zu dominieren, die anderen Aufklärungssysteme spielten eine immer geringere Rolle und entfielen schließlich ganz. Am Ende war die Aufklärungsversion des MOL nur ein einzeln agierendes Raumfahrzeug, dessen Primärmission auf das optische Bilderfassungssystem KH-10 »Dorian« von

Eastman Kodak abgestimmt war.
Die Aufklärungsversion des MOL wies beträchtliche Unterschiede zur Laborversion auf. Hier gab es zwischen der bemannten Gemini und dem in der Mitte des Zylinders gelegenen bemannten Bereich ein nicht druckbeaufschlagtes Servicemodul, das die Astronauten über einen Tunnel durchquerten mussten, um zum Crew-Abteil zu gelangen. An dieses schloss sich das Missionsmodul an, das über einen weiteren Tunnel zu einer Luftschleuse führte, von dem aus die Astronauten Außenbordmanöver durchführen sollten.
Hier befand sich zunächst auch das Docking-Interface, für den Fall, dass man zwei Einheiten im Orbit zusammenkoppeln wollte. Dieser Plan wurde aber schon früh wieder aufgeben.
In diesem Segment befand sich auch die Aufklärungskamera, die von den Astronauten gewartet werden sollte. Wären Missionszeiten

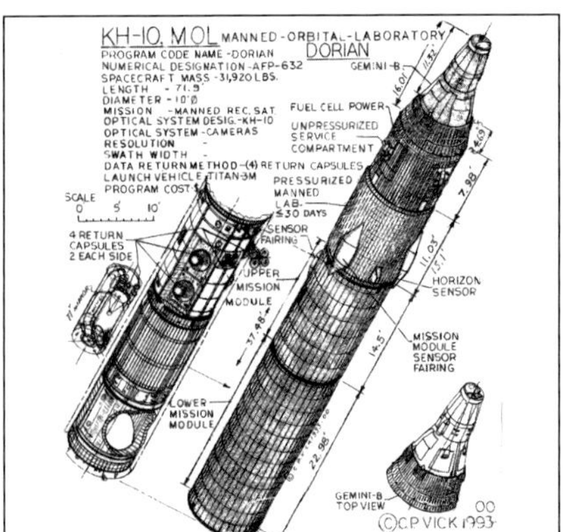

Skizze des KH-10 »Dorian« MOL.

von über 30 Tagen vorgesehen gewesen, hätte man das MOL mit Solargeneratoren ausgerüstet. Bei kürzeren Flügen hätte man dagegen Brennstoffzellen als Energielieferanten verwendet.
Bald kam die Frage auf, wie schnell und gut diese massive bemannte Plattform manövriert werden konnte um eine genaue Zielerfassung mit der Kamera durchzuführen. Dies war ein weiterer Punkt, der die Zweifel

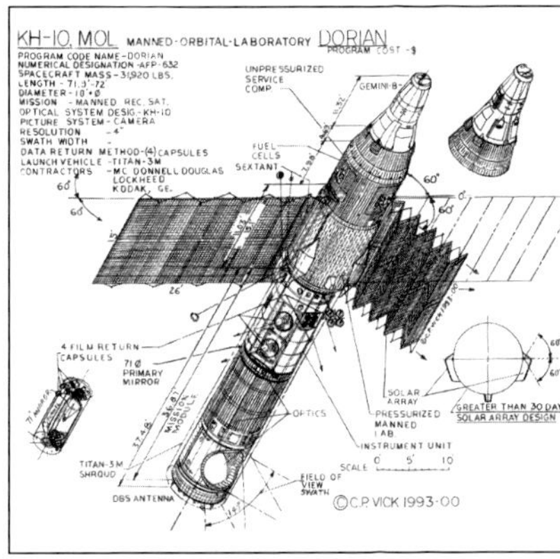

Das KH-10 »Dorian« MOL in der Version für Aufklärungseinsätze bis 40 Tage Dauer.

an der Notwendigkeit einer Besatzung nährte, denn Ende der 60er-Jahre war eine präzise Raumlagesteuerung mit unbemannten Systemen bereits ohne weiteres möglich.
Bis zum heutigen Tag sind nur sehr wenige Informationen über die Eastman Kodak KH-10 Kamera freigegeben worden. Sicher ist nur, dass es ein mächtiges Gerät war. Einen Hinweis bekommt man aber indirekt. Eine der verschiedenen MOL-Versionen war dafür vorgesehen, ein astronomisches Instrument aufzunehmen, das so genannte »Man tended Astronomical Telescope«, ein früher Vorläufer des Hubble Space Telescope. Es gibt Hinweise, dass aus Gründen der Kommunalität der Systeme dieses astronomische Gerät den gleichen Spiegeldurchmesser gehabt hätte wie die Aufklärungsvariante.
Dieser Spiegel wurde auch in mindestens einem Exemplar (vermutlich aber in mehreren) gefertigt, denn nach der Einstellung des

Auch eine Variante des MOL und ein früher Vorläufer des Hubble Weltraumteleskops: Das »Man tended astronomical Telescope«.

Programms schenkte die Luftwaffe den Spiegel (nur die Linse, keine weiteren Teile) der Universität von Arizona für die Nutzung in einem astronomischen Teleskop. Dieser Spiegel hatte einen Durchmesser von 180 Zentimetern, ist also sogar nach Maßstäben heutiger terrestrischer Astronomie eine Großoptik. Zum Vergleich: der Hauptspiegel des Jahrzehnte später entstandenen Hubble-Weltraumtelescops hat einen Durchmesser von 240 Zentimetern. Das Auflösungsvermögen mit diesem gewaltigen Spiegel dürfte theoretisch bei etwa zehn Zentimetern gelegen haben. Praktisch, wegen der Störungen durch atmosphärische Bewegungen, lag sie bei etwa 25 Zentimetern.

Die Flugplanung

Zum Zeitpunkt der Einstellung des Programms waren sechs Flüge in unterschiedlichen Vorbereitungsstadien. Zwei dieser Missionen sollten unbemannt durchgeführt werden, vier waren bemannt geplant. Eine fünfte bemannte Mission war bereits zwei Monate vor der Einstellung des Projektes gestrichen worden.

- Ende 1970: Unbemannter Qualifikationsflug.
- Zweites Halbjahr 1971: Zweiter unbemannter Qualifikationsflug.
- Erstes Halbjahr 1972: Erster bemannter Flug. Geplante Dauer: 30 Tage. Besatzung: James Taylor und Albert Crews
- Zweites Halbjahr 1972: Zweite bemannte Mission
- 1973: Dritte bemannte Mission
- 1974: Vierte bemannte Mission. Auf Anforderung der Navy sollte die von einer reinen Navy-Crew, bestehend aus Robert Crippen und Richard Truly, durchgeführt werden.

Programmeinstellung

Ausrüstung und Aufgabenstellung des MOL änderten sich in den Jahren 1965 und 1966 nach und nach. Die kleine Raumstation mit dem Forschungsschwerpunkt mutierte immer mehr zur reinen Aufklärungsplattform. Absehbar nahmen damit die möglichen Tätigkeiten für eine Crew an Bord immer mehr ab. Viele der für MOL geplanten

Die einzige »Blue Gemini«, die es heute noch gibt. Sie steht im Museum der Cape Canaveral Air Force Station in Florida.

Experimente wurden in unbemannte Programme verschoben, hauptsächlich zu den Satelliten der Canyon- und Rhyolite-Reihe.
Die Experimente, die sich mit dem Leben im Weltraum, mit Reparaturmöglichkeiten und Satelliteninspektionen beschäftigen wurden in das bemannte Skylab-Programm transferiert. Um die immer größer werdenden Teleskopsysteme und die Rückkehrkapseln in den MOL-Entwurf zu integrieren, wurde die Docking-Fähigkeit am hinteren Ende des Raumlabors eliminiert. Nachdem schließlich auch die Schleuse den Konstruktionsänderungen zum Opfer gefallen war, wäre eine limitierte Möglichkeit für Außenbordaktivitäten nur noch über die Luken der Gemini-Kapsel möglich gewesen. Die Aufklärungssysteme machten es schließlich obendrein noch notwendig, dass das Labor aus seiner - relativ zur Erdoberfläche gesehen - horizontalen Lage nun in einer nahezu vertikalen Lage arbeiten musste, was Erdbeobachtung für eine Crew außerhalb des Einsatzes des Aufklärungsteleskops unmöglich machte. Schließlich wurde die Sinnhaftigkeit eines bemannten Aufklärungssystems überhaupt hinterfragt. Studien ergaben, dass eine Crew an Bord für das hochsensible Kamerasystem ungünstig gewesen wäre. Jede Erschütterung an Bord durch die Bewegung der Astronauten würde die Fokussierung und Ausrichtung der Optiken entscheidend stören.
Das war schließlich das Ende von KH-10 »Dorian«. In einer letzten Übergangsphase wurde MOL zu einer unbemannten Beobachtungsplattform umdefiniert, die nur noch gelegentlich von Mannschaften zu Wartungsarbeiten aufgesucht werden sollte.
Nach der Einstellung des MOL-Programms wurden die Aufklärungsaufgaben von den seinerzeit parallel entwickelten unbemannten »KH-9 Hexagon« Satelliten wahrgenommen.
Am 20. Juni 1969 stellte Verteidigungsminister Melvin Laird das Vorhaben schließlich ein. Zum Zeitpunkt der Einstellung trainierten bereits siebzehn Astronauten für das Programm. Diejenigen, die noch unter 35 waren, wurden nach der Einstellung von MOL ins Astronauten-Corps der NASA übernommen. Sie flogen später allesamt im Space Shuttle Programm.
Das einzige Artefakt, das heute noch vom Projekt MOL existiert ist die zweimal geflogene Gemini 2-Kapsel. Sie kann heute im Air Force Space and Missile Museum in Cape Canaveral besichtigt werden.

Die sowjetische Mondrakete N1

Die sowjetische Groß-Trägerrakete N-1 war Dreh- und Angelpunkt des bemannten sowjetischen Mondlandeprogramms. Ihre Existenz blieb bis zu Gorbatschows »Glasnost« geheim. Erst etwa ab dem Jahre 1989 wurde das Projekt publik gemacht. Damit war der Beweis erbracht, dass es tatsächlich ein Rennen um den ersten Menschen auf dem Mond gegeben hatte. In den 60er- und 70er-Jahren behaupteten manche Wissenschaftler und Politiker im Westen, dass die Sowjets gar kein »Wettrennen« mit den USA um den Mond planten, und dass die Amerikaner diesen Wettbewerb der Ideologien ganz alleine mit sich selbst durchführten. Diese Ansicht stellte sich nun als Irrtum heraus.
Der US-Geheimdienst wusste in den 60er-Jahren sehr wohl um das bemannte sowjetische Mondprogramm. Die gewaltigen Anlagen, die es brauchte, um diese Raketen zu bauen und startfertig zu machen, die ungeheure Größe der Raketen selbst, machten es unmöglich, sie vor den Augen der CORONA- und GAMBIT-Spionagesatelliten zu verbergen.
Die enormen Explosionen, die sich bei den Fehlstarts ereigneten, wurden über tausende von Kilometern gemessen. Damals vermuteten viele Länder Nukleartests der Sowjets und wunderte sich lediglich über die milden oder gar nicht vorhandenen Reaktionen der Amerikaner.

Die Anfänge

Im Dezember 1959 berief die sowjetische Militärführung ein Meeting mit den sowjetischen Konstruktionsbüros Korolew, Chelomei und Yangel ein, um sich deren neuesten Projekte präsentieren zu lassen. Michael Yangels Entwurf der schweren R-36 Interkontinentalrakete und Wladimir Chelomeis Entwurf der leichten UR-100 Rakete fanden bei diesem Meeting am meisten Anklang. Beide Entwürfe wurden umgehend beauftragt. Korolews Entwürfe für eine wesentliche Verbesserung der R-7 (die später zur Sojus-Trägerrakete führen sollte), sowie für die Großraketen N1, N2 und N3 wurden zurückgestellt.
Die Militärführung sah zu diesem Zeitpunkt keinen Bedarf für eine Rakete, die über die Leistungsklasse der R-36 hinausging. Korolews R-7, die damals das obere Ende des Spektrums besetzt hielt, war zu diesem Zeitpunkt bereits in Dienst gestellt. Immerhin erhielt er den Auftrag, eine Version der R-7 mit einer universellen und leistungsfähigen Oberstufe zu entwickeln: Die 8K78 »Molnija«. Die N-Serie lag jedoch zunächst einmal auf Eis.
Bei den Entwürfen N1 bis N3 handelte es sich um sehr unterschiedliche, und in der Größe abgestufte Konstruktionen. Die N3 war dabei die kleinste, die N1 die größte Rakete. Sie sollte in der Lage sein, eine Nutzlast von etwa 50 Tonnen in eine niedrige Erdumlaufbahn zu bringen. Einsatzzweck wäre der Transport von militärischen Raumstationen gewesen.
In Verbindung mit einer nuklear betriebenen Oberstufe sollte sie der Träger für einen

Dieses Bild muss den Fotoauswertern der US-Spionagesatelliten Angst und Schrecken eingejagt haben. Am Startgelände 110 befanden sich gleich zwei N-1. Doch nur die vordere ist ein Fluggerät. Die Rakete im Hintergrund ist das 1M1-Mockup.

bemannten Vorbeilflug am Mars sein. Bei all diesen Studien handelte es sich aber seinerzeit noch um reine »Papierprojekte«.

Die Stufen 1-3 des Trägers sind montiert.

Im März 1961 wurde der Entwurf der N1 während eines Konstrukteurs-Treffens in Baikonur erneut diskutiert. Im Juni erhielt Koroljew einen geringen Betrag, um sein Projekt bis 1963 weiterzuentwickeln. Und obwohl ein Regierungsbericht den Erstflug des Großträgers informell für 1965 festlegte, gab es weder eine Freigabe für die Konstruktion noch für den Bau. Praktisch zur selben Zeit gab US-Präsident Kennedy in den USA die Absicht bekannt, bis zum Jahre 1970 einen Menschen auf den Mond zu entsenden. Korolews Antwort darauf war der Vorschlag einer Mondmission, die auf einem neuen Raumfahrzeug basierte, das später als Sojus bekannt wurde. In seiner Missionsplanung erfolgte der Zusammenbau der Mondflugkonfiguration im Erdorbit. Dies war eine Option, die auch die Amerikaner zunächst erwogen hatten. Der Nachteil dieses Planes war, dass mehrere Starts notwendig gewesen wären, um das Mondraumschiff im Erdorbit zusammenzusetzen. Korolew brauchte vier: Mit dem einen würde die bemannte Sojus gestartet werden, mit dem zweiten der Mondlander und mit der dritten und vierten Rakete die Antriebseinheit für den Mondtransfer und der gesamte Treibstoff.

Dieses Vorgehen wäre logistisch sehr aufwendig gewesen. Es hätte eine schnelle Abfolge von Starts erfordert, um sicherzustellen, dass die einzelnen Module zusammengebaut wurden, bevor die Verbrauchsstoffe, wie etwa der Lageregelungstreibstoff, der im Orbit wartenden, bereits gestarteten Einheiten, verbraucht gewesen wäre. Das Erdorbit-Rendezvous hätte allerdings den großen Vorteil gehabt, dass die Anforderungen an das Startfahrzeug vergleichsweise moderat gewesen wären. Aber selbst bei Einbeziehung dieses Profils waren die Anforderungen zu hoch, um mit einem der damals existierenden oder bereits in Entwicklung befindlichen Booster bewältigt werden zu können. Der neue Träger, das war klar, musste in der Lage sein, mindestens 50 Tonnen Nutzlast in eine niedrige Erdumlaufbahn bringen zu können. Dies war die Stunde für Korolews N1.

Die sowjetischen Mondpläne verfestigen sich

Als Triebwerk für diesen neuen Träger schlug Valentin Glushko, der damals fast ein Monopol für die Entwicklung von Raketentriebwerken in der Sowjetunion hielt, ein neues Aggregat mit der Bezeichnung RD-270 vor. Dieser Raketenmotor hätte mit der hoch toxischen Kombination aus unsymmetrischem Dimethyhlhydrazin (UDMH) als Treibstoff und Stickstofftetroxid (N_2O_4) als Oxidator betrieben werden sollen. Diese Kombination ist hypergol. Das bedeutet, dass sie sich bei Kontakt entzündet, was die Komplexität des Brennkammerdesigns deutlich reduziert.

Ein Nachteil ist allerdings, dass diese Treibstoffkombination einen geringeren spezifischen Impuls aufweist als die Kombination aus Kerosin und flüssigem Sauerstoff, wie es die

Amerikaner in ihren F-1 Triebwerken der ersten Stufe der Saturn 5-Mondrakete verwendeten. Dies wäre aber durch die technisch ausgefeiltere Konstruktion des Glushko-Triebwerks mehr als ausgeglichen worden, denn Glushkos Aggregat war ein so genanntes Hauptstromtriebwerk mit gestuftem Verbrennungsprozess. Die Amerikaner hatten dagegen für ihre Saturn 5 einen relativ einfache Motor nach dem Nebenstromprinzip konzipiert.

Korolew hätte lieber ein leistungsstarkes Kerosin-Sauerstoff-Triebwerk ähnlich dem

Die Endmontage ist abgeschlossen.

amerikanischen F-1 zur Verfügung gehabt. Glushkos Gegenargument war, dass es für ihn unmöglich sei, in so kurzer Zeit ein ähnliches Triebwerk wie die Amerikaner zu bauen. Er wies darauf hin, dass die US-Konstruktion schon seit mehreren Jahren in Entwicklung sei, dass das sowjetische Mondprogramm mit unzureichenden Mitteln auskommen müsste und die Computertechnologie in der Sowjetunion weit hinter der amerikanischen zurückläge, was qualitativ hochwertige Simulationen nicht zuließ. Zu guter letzt argumentierte er, dass selbst das Kerosin in der Sowjetunion von viel schlechterer Qualität sei als das hoch gereinigte RP-1, das die Amerikaner verwendeten. Hochreines Kerosin sei jedoch unabdingbar notwendig, um ein Verkohlen der Brennkammer-Elemente zu verhindern.

Damit zog sich Glushko aus dem Mondlandeprogramm zurück. Er arbeitete danach danach mit Chrunitschew bei der Entwicklung der Proton zusammen. Mit dieser Rakete war er schlussendlich dann doch wieder im Mondprogramm beteiligt, denn die Proton war die Trägerrakete des zirkumlunaren Zond-Programmes.

Eine N-1 wird zur Startanlage gebracht.

Nach der Weigerung Glushkos wandte sich Korolew an Nikolai Kusnetzow, den damals bekanntesten Konstrukteur von Flugzeugtriebwerken. Kusnetzows Erfahrung mit Raketentriebwerken war allerdings begrenzt und so reagierte er auf die Anfrage mit einem (für den vorgesehenen Zweck) recht klein dimensionierten Triebwerk, dem NK-15. Dieser Motor sollte in verschiedenen Versionen geliefert werden, angepasst an das jeweilige Höhenprofil, in dem es eingesetzt werden sollte.

Um den enormen Schubbedarf der N1 zu erfüllen, mussten dafür allerdings eine ganze Reihe dieser Triebwerke gebündelt werden. Korolews Idee sah vor, diese Aggregate an der breiten Basis der N1 ringförmig anzuordnen. Das Innere dieses Rings sollte offen sein. In dieses Loch sollte über Öffnungen an der Spitze der Stufe Luft angesaugt und eingeleitet werden. Die Luft würde sich mit den heißen Abgasen mischen und in den tieferen Schichten der Atmosphäre für eine Schubverstärkung sorgen. Dieses Arrangement war somit ein früher und noch relativ unfertiger Versuch ein ringförmiges Aerospike-Triebwerk zu schaffen.

Es gab zu dieser Zeit noch ein Konkurrenzvorhaben für die Mondmission, das Projekt LK-1 auf Basis von Wladimir Chelomeis UR-500 Träger. LK-1 war eine Raumkapsel vom Apollo-Typ und die UR-500 nichts anderes als die heutige Proton-Rakete, für die Glushko, der Korolew-Widersacher, nun das von Korolew abgelehnte RD-270 Triebwerk lieferte. Chelomei hoffte mit seiner LK-1 um die Mitte der 60er-Jahre zirkumlunare Flüge durchführen zu können. Mit seinem Entwurf waren zwar zunächst keine Mondlandungen möglich, aber der propagandistisch wichtige Erfolg einer bemannten Umfliegung des Mondes wäre damit erreichbar gewesen.

Dem sowjetischen Militär gefielen die konkurrierenden Vorhaben von Chelomei und Korolew nicht sonderlich. Beide waren politisch motiviert und hatten keinen militärischen Nutzen. Schließlich unterstützten sie das kleinere Übel, und das war Chelomeis Ansatz. Seine Mission war weniger ambitioniert, schien daher technisch eher machbar zu sein und weniger zu kosten (und damit vor allem die Mittelforderungen der Militärs für ihre eigenen Vorhaben weniger zu gefährden).

Eine Weile ging es auf dieser Basis voran, doch dann lief in den USA das Projekt Gemini überaus erfolgreich an, die sowjetische Führung in der bemannten Raumfahrt ging verloren (was zunächst nur die Sowjets selbst wussten) und die Amerikaner hatten nun Initiative.

In dieser Phase gelang es Korolew, Leonid Breschnew für einen Plan zu gewinnen, mit dem die Sowjetunion die Mondlandung doch noch vor den Amerikaner zustande bringen könnte. So ging er auf das gleiche Flugprofil über, das auch die Amerikaner gewählt hatten, den Direktflug zum Mond mit einem Rendezvous in der Mondumlaufbahn. Bei dieser Lösung gab es nur ein Problem: Er brauchte nun einen viel größeren Booster als zuvor.

Links: Das Kusnetzow NK-15 Triebwerk der N-1.

Projekt-Meilensteine

Anfang August 1964 entschied das Zentralkomitee der Kommunistischen Partei ebenso salomonisch wie technisch fragwürdig, beide sehr unterschiedlichen und nicht miteinander kompatiblen Entwürfe zu bauftragen. Chelomei sollte mit der Arbeit an seiner zirkumlunaren Kombination aus UR-500 und dem L1 fortfahren und Korolew sollte seinen komplett unterschiedlichen N1 Booster und das L3 Raumfahrzeug für die bemannten Landungen entwickeln.
Als Zieltermin für den Erstflug der N1 war das erste Quartal 1966 vorgesehen. Bemannte Landungen sollten Ende 1967 oder Anfang 1968 beginnen.

Eine N-1 wird zur Aufstellung an der Startrampe vorbereitet.

Korolev schlug eine größere N1 vor, in Kombination mit einem neuen »Mondpaket«, das die Bezeichnung L3 bekam. Das L3-Systempaket sollte nun von einer einzelnen Rakete zum Mond transportiert werden. Chelomei antwortete mit einem Entwurf, der ein gebündeltes UR-500 Vehikel vorsah, mit der er das L1 Raumfahrzeug, das sich bei ihm schon in Entwicklung befand und einen noch zu konstruierenden Lander zum Mond bringen sollte. Genau wie Korolews Entwurf sollten auch bei Chelomei zwar zwei Kosmonauten zum Mond fliegen aber nur einer von ihnen landen.

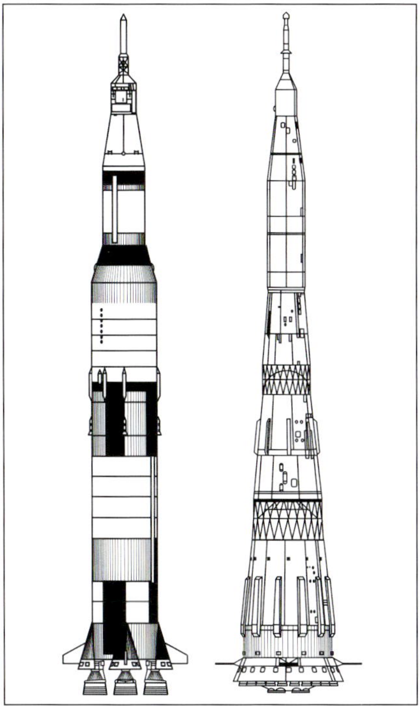

Vergleichsgrafik: US-Saturn 5 und die sowjetische N-1.

Korolews N1-L3 Version war das direkte Gegenstück zur Saturn 5 der Amerikaner. Sie hatte drei Basisstufen, welche die L3-Mondnutzlast in einen niedrigen Erdorbit brachte. Das L3-Paket beinhaltete eine Stufe für den Einschuss in die Mondbahn, eine Unterstützungsstufe für den Abstieg des Landers zur Mondoberfläche, das Lunnij Korabl Landefahrzeug für einen einzelnen Kosmonauten und die LOK-Mondversion der Sojus.

Der Streit zwischen Chelomei und Korolew um die Konfiguration der Mondschiffe hielt an, bis im Oktober 1965 die sowjetische Führung einen Kompromiss anordnete. Die zirkumlunare Mission sollte zwar weiterhin auf Chelomeis UR-500 gestartet werden, als bemanntes Raumschiff sollte aber Korolews Sojus-Design

Sergei Korolew, der Vater der sowjetischen Raumfahrt, starb am 14. Januar 1966.

verwendet werden und nicht Chelomeis LK-Entwurf.

Chelomei bekam die Vorgabe, bis zum 50. Jahrestag der Oktoberrevolution einen bemannten zirkumlunaren Mondflug durchzuführen. Korolew sollte dagegen in der Zwischenzeit die Arbeiten an seiner N1-L3 Rakete vorantreiben und die eigentliche Mondlandung durchführen.

Doch da geschah das gänzlich Unerwartete. Am 14. Januar 1966 starb Korolew bei einer kleinen Routine-Operation durch einen Fehler des Chirurgen. Seine Arbeit wurde von seinem Stellverteter Wassili Mishin übernommen. Mishin fehlte jedoch die politische Scharfsinnigkeit und Energie Korolews. Ein Faktor, der wesentlich zum Niedergang der N1-Entwicklung und damit des gesamten sowjetischen Mondlandeprojektes beitrug.

Es war bereits Februar 1966 als Korolews Nachfolger Mishin feststellte, dass die Masse des L3 Mondpaketes auf etwa 95 Tonnen angewachsen war und sich damit weit außerhalb der Nutzlastkapazität der N1 bewegte. Um diese zusätzlichen 20 Tonnen in den Erdorbit zu bringen, waren erhebliche konstruktive Änderungen an der Rakete und am Missionsplan notwendig.

Was Letzteres betraf wurde beschlossen, die Bahnneigung für die Parkbahn der Kombination nach dem Start von der Erde von 65 Grad auf 52 Grad zu senken. Die Höhe des Mondorbits, von der aus das Landemanöver vonstatten gehen sollte, wurde von 300 Kilometer auf 220 Kilometer gesenkt.

Was die Änderungen an der Rakete betraf, so entschied Wassilij Mishin als erstes, die Treibstoffe so weit wie möglich abzukühlen um mehr davon aufnehmen zu können. Kerosin sollte mit minus 20 Grad betankt werden, flüssiger Sauerstoff bei minus 191 Grad.

Die erste Stufe erhielt nun sechs zusätzliche Triebwerke und der Schub an allen Triebwerken der ersten, zweiten und dritten Stufe wurde um zwei Prozent gesteigert. Und schließlich erhielt

die erste Stufe einen vierten Stabilisator. Mit all diesen Maßnahmen stieg das Startgewicht auf 2.800 Tonnen und die Nutzlast für den niedrigen Erdorbit auf 95 Tonnen.
Im August 1967 wurde die Startanlage 110 in Baikonur, von der aus die Flüge der N1 starten sollten, fertiggestellt. Am 25. November desselben Jahres wurde das erste N1 Mockup zum Startplatz gebracht.
Am 7. Mai 1968 wurde der N1 Booster zurückgebracht. Die erste Stufe wurde ausgeschlachtet und die Oberstufe wurde in das 1M1 Mockup für das Training der Start-crews eingebaut.
Am 23. Juni 1968 fanden die ersten statischen Brenntests der Block B-Zweitstufe statt. Die Tests für die Block C-Drittstufe begannen Anfang 1969. Für die Erststufe existierte jedoch kein Teststand. So konnten in den Kusnetzow-Werken nur Einzeltriebwerke getestet werden.

Die Startanlage 110 in Baikonur verfügte über die Startrampen »Ost« und »West«. Hier ein Modell einer der beiden identischen Rampen.

mit der Nummer 4L am Startkomplex 110 Ost aufgerichtet, und der erste Testflug für September 1968 angesetzt. Bei Bodentests wurde jedoch festgestellt, dass der Sauerstofftank der ersten Stufe Haarrisse aufwies. Im Juni 1968 wurde die 4L wieder vom Startplatz in das Montagegebäude

Am 3. Februar 1969 wurde die Planung für die erste Mission bekannt gegeben. Wäre der Start gelungen, dann sollte das L3 Fahrzeug eine weiche Landung auf dem Mond versuchen und einen Mondrover aussetzen. Dieser Rover sollte eine Position finden, die für eine zukünftige sowjetische Mondlandung geeignet gewesen wäre.

Die N1 bei den Startvorbereitungen.

Die Technik der N-1

Die N1 war kaum kleiner als die Saturn 5. Auch ihre Startmasse entsprach ziemlich genau der ihres amerikanischen Pendants, nämlich etwa 2.800 Tonnen. Sie war aber insgesamt wesentlich weniger leistungsfähig. Ihre Nutzlast in den niedrigen Erdorbit hätte nur etwa 95 Tonnen betragen. Die Saturn 5 konnte dagegen in ihren späten Versionen bis zu 145 Tonnen Nutzlast in eine niedrige Erdumlaufbahn bringen.
Bei der N1 beschloss man, der Not gehorchend, das in der sowjetischen Raumfahrt damals übliche Prinzip des Bündelns vieler Einzeltriebwerke beizubehalten. Die Triebwerke verfügten pro Einheit über einen Schub von 1.510 Kilonewton. Das ist mehr als die Antriebskraft eines Vulcain-2 Triebwerks der europäischen Trägerrakete Ariane 5. Trotzdem brauchte die N1 allein in ihrer Basisstufe 30 Stück dieses Motors. Damit wurde sie zum mess- und regeltechnischen Monstrum. Zum Vergleich dazu: Die F-1 Triebwerke der Saturn 5 leisteten jeweils etwa 7.500 Kilonewton Schub, so dass diese Rakete nur fünf dieser Aggregate in der Basisstufe benötigte.

N 1 - L3	
Länge:	105,30 m
Basisdurchmesser:	22,40 m
Gesamtmasse:	2.800 t
Treibstoff/Oxidator:	Kerosin/Sauerstoff
Nutzlast Erdorbit:	95 t
1. Stufe: Block A	
Triebwerke:	30 x NK 15
Schub (gesamt):	41.400 kN
Brenndauer:	125 Sekunden
Masse leer/voll:	130.000/1.874.000 kg
Länge/Durchmesser:	30,0 /9,80 – 22,40 m
2. Stufe: Block B	
Triebwerke:	8 x NK 15V
Schub (gesamt):	13.200 kN
Brenndauer:	120 Sekunden
Masse leer/voll:	55.700/560.300 kg
Länge/Durchmesser:	20,50 /6,80 – 9,80 m
3. Stufe: Block C	
Triebwerk:	4 x NK 21
Schub (gesamt):	1.770 kN
Brenndauer:	330 Sekunden
Masse leer/voll:	13.700/188.600kg
Länge/Durchmesser:	11,10 /5,50 – 6,80 m
4. Stufe (Mondtransferstufe):	Block G
Triebwerk/Schub:	1 x NK 19/394 kN
Brenndauer:	470 Sekunden
Masse leer/voll:	6.000/61.500 kg
Länge/Durchmesser:	9,10 /3,90 m
Block D	
Triebwerk/Schub:	1 x RD 58/83,4 kN
Spezifischer Impuls:	346 Sekunden
Brenndauer:	600 Sekunden
Masse leer/voll:	3.300/18.000 kg
Länge/Durchmesser:	6,30 /3,70 m

Die Struktur der unteren drei Stufen war in einer spitzen Kegelform ausgeführt. Dieser Kegel hatte an der Basis einen Durchmesser von mehr als 22 Metern und verjüngte sich nach oben, an der Spitze der dritten Stufe, die auch der Verbindungspunkt zur L3-Sektion war, auf 4,4 Meter. Ab hier war die Rakete zylindrisch geformt. Die konische Form der drei Basisstufen wurde durch die Anordnung der Treibstoff- und Oxidatortanks vorgegeben. Damit die Strukturmasse so gering wie möglich blieb, und das Volumen der Rakete nicht zu groß wurde, brachte man Treibstoff und Oxidator in kugelförmigen Tanks unter. Und da man volumenmäßig wesentlich mehr Sauerstoff benötigte als Kerosin, war der Kerosintank in allen vier Stufen über dem Sauerstofftank untergebracht.

Die N1-L3 war vierstufig ausgelegt. Die drei ersten Stufen dienten dazu, die L3-Mondkombination in eine niedrige Erdumlaufbahn zu befördern. Stufe vier war Bestandteil der L3-Einheit, und wurde benötigt, um den Transfer zum Mond zu bewerkstelligen. Die Rakete wurde über alle vier Stufen mit der Treibstoffkombination Kerosin und Sauerstoff betrieben. Dieselben Treibstoffe benutzte auch das Block D Abstiegstriebwerk für das Landemodul.

Die erste Stufe der Rakete trug die Bezeichnung »Blok A«. Sie verfügte über 30 Triebwerke des Typs NK-15. Diese Motoren waren die ersten weltweit, die im so genannten Hauptstromverfahren arbeiteten, einer wesentlich effizienteren Verbrennungsmethode als die bis dahin gebräuchlichen so genannten Nebenstromtriebwerke. 24 Triebwerke waren in einem Kreis an der Außenseite um sechs zentral gruppierte Triebwerke herum angeordnet. Die Brennzeit betrug 120 Sekunden.

Bis zu drei Triebwerke des Blok A durften innerhalb der ersten 90 Sekunden ausfallen. In diesem Fall hätte das Steuerungssystem das achsensymmetrisch gegenüberliegende Aggregat automatisch mit abgeschaltet.

Nach 90 Sekunden hätte die Steuerung die mittleren sechs Triebwerke abgeschaltet, um die Beschleunigung zu senken.

Die Steuerung der Rakete erfolgte über die Schubregulierung der Triebwerke, wobei die Motoren des äußeren Triebwerksrings für die Nick- und Gierkontrolle und die inneren Triebwerke für die Einhaltung der gewünschten Rollrate zuständig waren. Der Block A war außerdem mit vier aerodynamischen Steuerflächen ausgerüstet. Das waren gewaltige Klappen, die in den Luftstrom gerichtet, in niedriger Höhe beim Aufstieg eine Steuerung der Rakete mittels aerodynamischer Kräfte ermöglichte. Alles in allen erzeugte der Block A einen Schub von 42 Meganewton. Erheblich mehr, als die etwa 34 Meganewton Schub der Saturn 5.

Die zweite Stufe verfügte über acht NK-15V Triebwerke.

Die zweite Stufe wurde »Blok B« genannt. Sie verfügte über acht Triebwerke des Typs NK-15V, die baugleich mit dem NK-15 war aber über verlängerte Expansionsdüsen verfügten und für den Höhenstart ausgelegt waren. Auch ihre Brenndauer betrug 120 Sekunden. Das Steuerungssystem konnte den Ausfall eines einzelnen Triebwerkes ausgleichen. Ebenso wie bei der ersten Stufe musste die Steuerung auch hier das gegenüberliegende Triebwerk mit abschalten.

Die dritte Stufe, der »Blok C« wurde mit vier Triebwerken des Typs NK-9V betrieben. Deren Brennzeit betrug 375 Sekunden.

Die vierte Stufe, der »Blok G«, war das einzige System der gesamten Rakete, das schon im Flug erprobt war. Sie war bereits im Zond-Programm als Oberstufe der »Zond«-Proton eingesetzt gewesen und verfügte über ein einzelnes Triebwerk vom Typ NK-19. Es hatte eine Gesamtbrenndauer von 443 Sekunden.

Die vier Triebwerke von Stufe 3.

Über dem »Blok G« befand sich der »Blok D«. Er war Bestandteil des Mondraumschiffes und seine Aufgabe war es, die Sojus LOK, mit der zwei Kosmonauten zum Mond fliegen sollten, zusammen mit dem angekoppelten Mondlander vom Typ LK zunächst in eine Mondumlaufbahn zu bringen. Nach der Rückkehr des einzelnen Kosmonauten, der die Mondlandung durchführen sollte, hätte dieses Triebwerk die Sojus wieder auf die Erdtransferbahn bringen sollen. Die »Blok D« wurde von einem RD-58 Motor angetrieben.

Vier Missionen – Vier Fehlschläge

Es fanden insgesamt vier Missionen mit der N-1 statt. Sie endeten allesamt im Inferno.

Mission 1

Beim ersten Startversuch am 21. Februar 1969 stellte das Steuerungssystem bereits 0.37 Sekunden vor dem Abheben eine Fehlfunktion in Triebwerk 12 fest und stellte diesen Motor, zusammen mit dem gegenüberliegenden Triebwerk 24 ab. Der Fehler ereignete sich, als aufgrund der unerwartet hohen Vibrationen im Gasgenerator eine Leitung brach und sich der Treibstoff entzündete. Dies hätte die Mission aber nicht gefährdet. Es kam jedoch bald nach dem Abheben zu einem Treibstoffleck im Bereich der Triebwerke 3, sowie 21 bis 24. In der Flugsekunde 54 brach in diesem Bereich ein Feuer aus. In der Flugsekunde 69 hatte das Feuer den Kabelbaum erreicht. Durch den darauf erfolgenden Ausfall der Messwerte schaltete der Bordrechner alle Triebwerk ab. Die Rakete erreichte eine Höhe von 12.200 Metern und schlug 45 Kilometer vom Startplatz entfernt in der Steppe auf. Das Startrettungssystem funktionierte einwandfrei und brachte das Mockup der Mondkapsel in Sicherheit. Wäre eine Besatzung an Bord gewesen, wäre sie trotz des Fehlstarts nicht gefährdet gewesen. Bei den nachfolgenden Flügen wurde in der Nähe jedes Triebwerks ein Freon-Feuerlöscher installiert.

Das Startrettungssystem an der Spitze der N1. Es arbeitete jedes Mal einwandfrei.

Der Moment, in dem beim zweiten Einsatz der N1 das Startrettungssystem aktiviert wird.

Mission 2

Der zweite Start fand am 3. Juli 1969 statt, zwei Wochen vor dem Start von Apollo 11 zur ersten bemannten Mondlandung. Die Rakete hob nur in Zeitlupentempo ab und begann sofort heftig zu schlingern. Ein loser Bolzen war von einer Treibstoffpumpe angesaugt worden, die sofort versagte. Das automatische Triebwerkskontrollsystem schaltete daraufhin 29 von 30 Triebwerken ab (anstatt lediglich zwei). Brennende Teile begannen sich abzulösen und die noch voll betankte Rakete stürzte zurück auf den Startkomplex und vernichtete ihn vollständig. Es war dies die gewaltigste Explosion in der Geschichte der Raumfahrt und die größte nichtnukleare Explosion, die je von Menschen verursacht wurde. Sie entsprach einer Sprengkraft von sieben Kilotonnen TNT. Trotz der ungeheuren Explosion brachte das Startrettungssystem die Dummy-Mondkapsel in Sicherheit. Die Reparatur- und Aufbauarbeiten der völlig vernichteten Startanlage dauerten trotz höchster Anstrengungen 18 Monate. Nach diesem Fehlschlag wurden in allen Treibstoffpumpen Filter installiert.

Mission 3

Am 27. Juni 1971 startete die dritte N1. Nach dem Abheben wurde das neu eingeführte Sicherheitsmanöver zum Wegschwenken von der Startrampe durchgeführt. Doch war dabei die Rollrate so hoch, dass das Kontrollsystem die Bewegung nicht vollständig kompensieren konnte. In der Folge geriet die Rakete immer mehr aus dem Gleichgewicht. 47 Sekunden nach dem Abheben brach durch die aerodynamische Belastung der Kopfteil mit dem Mondlandemodul ab. Nach 51 Sekunden wurden die Triebwerke abgeschaltet und die Rakete schlug 20 Kilometer vom Startplatz entfernt auf. Die Rakete hatte diesmal nur Dummy-Oberstufen ohne ein Rettungssystem. Für den nächsten Start wurde das Stabilisierungssystem verbessert und das Triebwerkskontrollsystem ausgebaut. Dadurch erhöhte sich die Anzahl der Sensoren von 700 auf 13.000.

Mission 4

Der vierte Start erfolgte am 23. November 1972. Diesmal schien alles nach Plan zu verlaufen, doch nach 107 Sekunden, nur 13 Sekunden vor dem Brennschluss von Block A explodierte die Rakete in 40 Kilometern Höhe. Durch das Abschalten der sechs zentralen Triebwerke war es zu so starken Schwingungen gekommen, dass die Sauerstoffpumpe am Triebwerk 4 brach und die Zerstörung der Rakete auslöste.

Was bleibt

Bei den vier Fehlstarts der N-1 konnten nie die Stufen zwei bis vier gezündet werden. Stets versagte bereits die erste Stufe. Die sowjetischen Ingenieure bekamen das komplexe Zusammenspiel derart vieler Einzeltriebwerke nie in den Griff. Das byzantinische Leitungssystem, das notwendig war, Oxidator und Treibstoff zu so vielen einzelnen Raketenmotoren zu bringen, das extrem aufwendige Ventilsystem, all das war auch extrem anfällig.

Dazu kam, dass es nicht möglich war, große, vorintegrierte Komponenten der Rakete nach Baikonur zu bringen. Das machte es notwendig, den Träger per Bahn dorthin zu schaffen.
Die Restriktionen der Bahn an die Größe der Einzelkomponenten machte es aber erforderlich, dass alle Stufen der Rakete beim Hersteller auseinander genommen und am Startort wieder zusammengebaut werden mussten. Ein Resultat dieser vielen getrennten Einzelteile war eine Kakophonie komplexer und destruktiver Schwingungen und Vibrationen, sobald die Triebwerke liefen. Sie zerrissen Leitungen und Turbinen.
Das komplexe strömungsdynamische Verhalten der Triebwerksabgase verursachten Rollbewegungen, Kavitationseffekte und andere Probleme, die vor dem Flug nicht erkannt werden konnten. Der entscheidende Fehler des gesamten Programms war es aber, keinen Groß-Teststand zur Verfügung zu haben, mit dem das Zusammenspiel der vielen einzelnen Triebwerke erprobt werden konnte.
Somit war der Erstflug der Rakete gleichzeitig auch der erste gemeinsame Test aller Erststufen-Komponenten.
Nach dem vierten Fehlschlag wurden zwar alle weiteren Flüge eingestellt, Mishin führte das Projekt aber selbst dann noch weiter, als die Sowjetunion das Ziel bemannter Mondlandungen schon aufgegeben hatte. Er hoffte, dass diese Rakete einmal Raumstationen wie das US-Raumlabor Skylab in den Weltraum bringen könnte. Im Jahre 1974, als Mishin von Glushko ersetzt wurde, hatte dann aber tatsächlich die letzte Stunde der N1 geschlagen. Zu diesem Zeitpunkt waren zwei der Superträger startfertig. Insgesamt waren10 Flugeinheiten und zwei statische Testmodell gebaut worden.
Die N1-L3 war unterfinanziert, viel zu wenig getestet und begann ihre Entwicklung vier Jahre nach der Saturn 5 und somit viel zu spät. Das Projekt geriet nach dem Tod ihres Chefdesigners vollends aus den Schienen.
Zwei komplett flugfertige N1F wurden nach der Programmeinstellung auseinandergenommen und teilweise verschrottet, zum Teil aber auch einfach in der Landschaft deponiert. Noch viele Jahre später konnten Besucher in der Umgebung von Baikonur Unterstände und Vorratsschuppen sehen, die aus den Tanks der N1F hergestellt worden waren. Die Booster waren absichtlich zerstört worden um das fehlgeschlagene Mondprogramm der Sowjetunion zu kaschieren. Im Westen ging jedenfalls für fast zwei Jahrzehnte die Mär um, beim sowjetischen Mondprogramm hab es sich nur um ein Papierprogramm gehandelt, ins Leben gerufen um den Westen glauben zu machen, dass hier ein Wettrennen im Gange sei. Diese Geschichte blieb bis zum Beginn von Glasnost am Leben. Erst ab 1989 gelangte die wahre Story des sowjetischen bemannten Mondprogamms an die Öffentlichkeit.
Anders als die Raketen selbst entkamen etwa 150 bereits produzierte Triebwerke der Zerstörung. In den 90er-Jahren wurden diese Triebwerke zum Teil an den Westen verkauft. Japan verwendete das NK-33 beispielsweise in ihren Trägerraketen vom Typ J-1 und J-2. Und Aerojet General kaufte Mitte der 90er-Jahre 36 Stück davon für den Preis von 1,1 Millionen Dollar pro Einheit. Heute wird dieses Triebwerk in der Antares-Trägerrakete von Orbital Sciences eingesetzt.

Links:
Dazu kam es nie: Eine reguläre Stufentrennung zwischen erster und zweiter Stufe.

Der amerikanische Space Shuttle wurde im Sommer 2011 nach 30 Einsatzjahren aus dem aktiven Dienst genommen. In dieser langen Zeit hatte er zwar in einigen Details der Ausrüstung und der Instrumentierung Änderungen erfahren, im Großen und Ganzen war es aber immer noch das selbe Fluggerät, das am 12. April 1981 die Flüge aufgenommen hatte, und schon in den frühen 70er-Jahren konzipiert worden war. Doch war das keineswegs die Absicht seiner Entwickler gewesen. Die hatten den Space Shuttle nur als Zwischenschritt in der Evolution zu einem wahrhaft vielfältig einsetzbaren Raumtransporter gesehen. Seine Schöpfer gingen davon aus, dass er eine Einsatzperiode von 10 Jahren nicht überschreiten würde. Danach, so vermuteten sie damals zu Recht, würde er von etwas Fortschrittlicherem und Neuerem ersetzt werden: dem Shuttle II.

Der Shuttle II in seiner Startkonfiguration mit vier Außentanks.

Ganz diesem Sinne begann die NASA bereits im Januar 1985 mit einer auf zwei Jahre festgelegten Studienphase zur Weiterentwicklung des Space Shuttle. Genau in der Mitte dieses Studienzeitraums ereignete sich am 28. Januar 1986 die Challenger-Katastrophe. Dieses Ereignis nahm erheblichen Einfluss auf die Untersuchungen. Die Aufmerksamkeit wurde von nun an nicht länger auf ein möglichst fortschrittliches, zukünftiges System gerichtet, sondern auf einen möglichst kurzfristigen Ersatz für den Shuttle. Vor allem aber standen nun, in der Folge des schrecklichen Unglücks, die Sicherheitsaspekte über allen anderen Fragen. Dennoch behielt man durchaus auch die Evolution des Shuttles weiter im Auge.
Das war auch notwendig, denn Mitte der 80er-Jahre waren auch Studien und erste Entwicklungsaktivitäten für den so genannten »National Aerospace Plane (NASP)« und das »Advanced Launch System (ALS)« auf dem Weg. Der Shuttle II wäre dabei nur ein einzelnes Element in einer größeren Gesamtarchitektur gewesen. Dieser größere Plan beinhaltete unbemannte Schwerlasttransporter, klassische »Wegwerfraketen« (Expendables) und die übernächsten Generation bemannter Raumfahrzeuge, die den Shuttle II nach weiteren etwa 10 Jahren ersetzen sollten. Diese Vehikel sollten dann in der Lage sein, einstufig den Orbit zu erreichen.
Im Jahre 1988, zu Beginn der Studie, brachte die NASA die in diesem Kapitel abgebildete Fotoserie heraus. Sie trug folgenden Untertitel: »Die NASA benötigt um die Jahrhundertwende (gemeint war das Jahr 2000) einen Ersatz für den heutigen Space Shuttle, um bemannte Raumfahrtaktivitäten zur geplanten Raumstation im niedrigen Erdorbit durchführen zu können und die gegenwärtig in Planung befindlichen fortschrittlichen Raumfahrtmissionen (gemeint waren bemannte Flüge zu Mond und Mars), die das NASA Büro für Forschungsaktivitäten derzeit definiert, durchzuführen«.
Ich überlasse es dem Leser selbst, zu beurteilen,

was aus den hochfliegenden Plänen von damals geworden ist. Seinerzeit jedenfalls war man guter Dinge und guter Hoffnung, auf dem richtigen Weg zu sein.

Die Vorgeschichte

Im Herbst 1988 begann die NASA die Studienarbeiten am Shuttle II. In der gespreizten Sprache der Raumfahrtbehörde wurde sie formell als die »Next Manned Transportation System Study (NMTS)« bezeichnet, also »Systemstudie für das nächste bemannte Transportsystem«. Die griffige und eingängige Bezeichnung »Shuttle II« (die wir hier im Übrigen beibehalten wollen) wurde in »Advanced Manned Launch System (AMLS)« geändert. Also in »Fortschrittliches Bemanntes Startsystem«.

Mit diesem Bild hat sich der unbekannte Künstler ein wenig vergaloppiert. Im Orbit wäre der Shuttle 2 nur noch maximal mit zwei Außentanks ausgestattet gewesen.

Tatsächlich hatten die Arbeiten am Shuttle II in der Folge einer Direktive von Ronald Reagan aus dem Jahre 1985 ihren Anfang genommen. Darin wies er die NASA an, mit den Arbeiten an einem Nachfolger des Space Shuttle zu beginnen. Nach Abschluss der Studienphasen sollte ein wesentlicher Teil der Entwurfsarbeiten am Shuttle II in das Langley Research Center der NASA, nach Hampton in Virginia, verlegt werden. Das dortige NASA Büro für Exploration, das im Jahre 1987 gegründet worden war, lieferte deshalb schon einmal die Leistungsanforderungen an das Fluggerät. Der Shuttle II sollte, so war es vorgesehen, ab der ersten Dekade des 21. Jahrhunderts die dann geplanten Mond- und Marsexpeditionen unterstützen.

Die Entwicklung des Shuttle II und sein späterer Betrieb sollten unter Bedingungen erfolgen, die grundsätzlich verschieden waren von denen, unter welcher der Space Shuttle konzipiert und betrieben worden war. Die große »Erblast« des Space Shuttle war es gewesen, dass er die Unterstützung aller möglichen Institutionen brauchte, um überhaupt das Licht der Welt erblicken zu können. Die potentiellen Kunden wie die Luftwaffe, die Wissenschaftsgemeinde oder die NASA hatten völlig unterschiedliche Vorstellungen von einem Raumtransportsystem. Dazu kamen die strikten Budget-Begrenzungen der Nixon Administration. Diese limitierenden Faktoren hatten dazu geführt, dass der Shuttle zum einen eine klassische »Eier legende Wollmilchsau« geworden war, zum anderen aber, wegen der zu geringen Entwicklungsgelder, mit Konstruktionsmerkmalen versehen wurde, der am Ende zwei Shuttles und ihre Besatzungen zum Opfer fallen sollten. Zu allem Überfluss hatte die NASA in ihrer Sorge, dass sie den Space Shuttle nicht bekommen würde, auch noch behauptet, dass er so billig und häufig fliegen würde, dass er jedes andere US-Raumtransportsystem ersetzen könnte. Anfang der 80er-Jahre war jedem klar, dass eine Neukonstruktion nicht noch einmal auf solch abstrusen Rahmenbedingungen basieren durfte. Der Shuttle II sollte deswegen wesentlich begrenztere und vor allem glaubwürdigere Ziele haben. Vor allem sollte er ein sicheres und zuverlässiges Transportmedium für Besatzungen darstellen. Mit dieser Aufgabe wäre er

Diese Konfiguration entspricht dem Aussehen kurz nach der Ankunft im Orbit (wenn alle Tanks abgeworfen sind) oder aber kurz vor der Einleitung der Landung.

lediglich Bestandteil der vorher beschriebenen »gemischten Flotte« gewesen.
Der Space Shuttle sollte in seiner ursprünglichen Konzeption bis zu 30 Tonnen Nutzlast in seiner fast 30 Meter langen Nutzlastbucht transportieren können (Dieses Entwurfsziel erreichte er allerdings bis zum Schluss nicht ganz). Zum Zeitpunkt, als die Arbeiten am Shuttle II begannen, und noch einige Jahre danach, wurde der Space Shuttle nur im so genannten »Sortie«-Modus eingesetzt. Also in einzelnen Missionen, die er für sich alleine durchführte. Es wurde schon damals erwartet, dass das bis zum Beginn der Errichtung einer Raumstation (die damals noch viele Jahre in der Zukunft lag) auch so bleiben würde. Gelegentlich wurde er in eine Mini-Raumstation verwandelt. Das war immer dann der Fall, wenn er das in Europa konstruierte Spacelab mit an Bord hatte. Dann lebten und arbeiteten bis zu acht Astronauten bis zu acht Tagen an Bord. Gewöhnlich aber transportierte er, abhängig von der Aufgabe der jeweiligen Mission, zwischen fünf und sieben Besatzungsmitglieder.
Im Gegensatz dazu sollte der Shuttle II keine Solo-Missionen fliegen. Er sollte von Anfang an ein Ziel haben: Eine Raumstation oder die Baustelle eines Mond- oder Marsschiffes in der Erdumlaufbahn. Er sollte maximal 17 Tonnen Nutzlast hin oder auch zurück bringen können und dabei bis zu 11 Astronauten transportieren. Acht dieser Astronauten wären Passagiere des Shuttle II, die dann beispielsweise ihren Dienst auf der Raumstation aufnehmen würden, oder aber von dort zu Mond oder Mars weiterfliegen sollten.

Ausgangsüberlegungen

Zu Beginn der Shuttle II-Studie wurden eine ganze Anzahl möglicher Konfigurationen untersucht. Das beinhaltete ein- und zweistufige senkrecht startende Systeme, ein- und zweistufige horizontal startende Vehikel, einstufige, rein raketenbetriebene Fahrzeuge und Systeme mit gemischten Raketen- und Strahlantrieben.
Die einstufigen Systeme (SSTO = Single Stage to Orbit) zeigten sich insbesondere für die Mission in den polaren Orbit außerhalb der technischen Reichweite für den Shuttle II. Eine Möglichkeit wäre es gewesen, die Konstruktion massiv zu vergrößern. Das war allerdings nicht gewünscht. Die Studie ergab aber, dass mit einem relativ moderatem Aufwand an Startunterstützung in der Form von einmal oder mehrmals verwendbaren Zusatzraketen eine wesentliche Steigerung der Nutzlast erreicht werden konnte. Schon relativ kleine flüssigkeitsbetriebene Zusatzbooster, in der Größenordnung von etwa 70 Tonnen Masse, würden die geforderte Wartungsmission für die Polare Plattform erlauben.
Auch das so genannte »Bimese«-Konzept wurde kurz untersucht. Hierbei werden zwei praktisch identische SSTO-Fahrzeuge miteinander gekoppelt, wobei eines der beiden Vehikel als Booster agiert und das andere als Orbiter. Die Leistungsanalyse zeigte aber, dass dieses System vom technischen und vom operationellen Standpunkt her sehr aufwendig wäre, andererseits aber Leistungsdaten hätte, die weit jenseits der Anforderungen lägen. Der letztendlich gewählte zweistufige und senkrecht startende Orbiter deckte die Anforderungen für die Polare Plattform und die Basismission zur Raumstation am Besten ab. Die wiederverwendbare Booster, auf einem ausgereiften technologischen Standard, sollten mit Sauerstoff und Methan arbeiten, bei etwa Mach 3 abgeworfen werden und zur Startstelle zurückfliegen. Der Orbiter selbst verwendete einen Mix aus Triebwerken, die mit Sauerstoff-Wasserstoff und Sauerstoff-Methan arbeiteten.

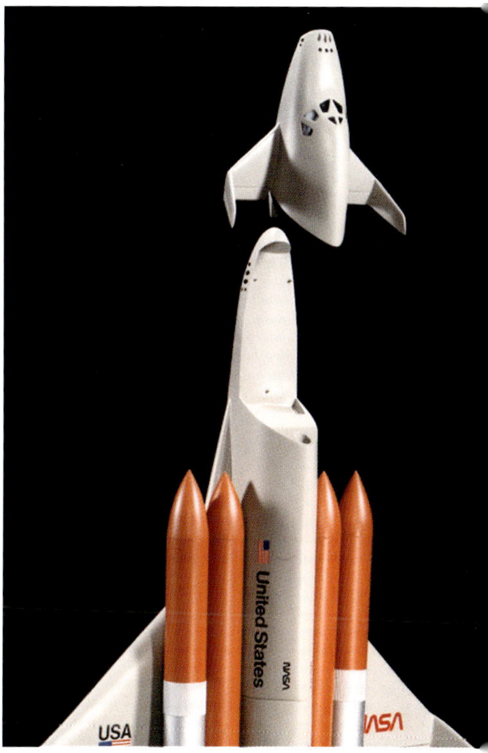

In dieser Darstellung des Shuttle II ist vor allem die absprengbare Crew-Kabine sehr schön dargestellt.

Die technische Auslegung

Der Shuttle II sollte so weit wie möglich Gebrauch von Komposit-Werkstoffen machen. Außerdem sollten neue, leichtere Hitzeschutzkacheln verwendet werden und alle hydraulische Aktuatoren sollten durch elektrische Einheiten ersetzt werden. Kernstück der Entwicklung wäre ein neues Hochleistungstriebwerk gewesen, das

gemeinsam von Pratt & Whitney und Aerojet entwickelt werden sollte. Dieser Raketenmotor sollte das Haupttriebwerk des Space Shuttle ablösen. Dieses neue Triebwerk sollte einen Schub von gut 300 Kilonewton (statt der 230 Kilonewton des Space Shuttle-Triebwerks) liefern, dabei aber fast eine Tonne leichter sein (3.770 Kilogramm anstatt 4.690 Kilogramm).
Das Ergebnis der Studie ergab ein Vehikel mit einem Schub- Gewichtsverhältnis von 1,3.
Der Gesamtschub sollte dabei zu Beginn der Startphase zu 60 Prozent von den Boostern und zu 40 Prozent vom Orbiter kommen.
Alle Triebwerke wären während der ersten Startphase parallel in Betrieb gewesen, und zwar im so genannten »Crossfeed-Modus«.
Das bedeutete, dass in den ersten Minuten des Starts nicht nur die Booster-Triebwerke ihren Treibstoff aus den Booster-Tanks bezogen, sondern auch die Orbiter-Triebwerke.
Die Stufentrennung sollte bei Mach 3 erfolgen und die Booster dann wieder zur Startstelle zurückfliegen. Durch das »Crossfeeding« wären die Tanks des Orbiters am Stufungspunkt noch voll gewesen und er hätte seinen Flug in den Orbit fortgesetzt. Vom reinen Leistungsstandpunkt ist eine Stufentrennung schon bei Mach 3 nicht sonderlich effizient, es hätte aber große operationelle Vorteile gehabt. Zum einen wäre die Startstelle noch in Reichweite der Booster gewesen, zum anderen hätten diese Einheiten keinen besonderen Thermalschutz benötigt.
Die Triebwerke, die dem Shuttle II zugrunde gelegt wurden, waren das Resultat eigener Studien des Marshall Space Flight Centers.
Dabei wurden wieder verwendbare Antriebssysteme untersucht, die vor allem im Betrieb effizient waren. Für die Shuttle II Booster wäre Methan der Treibstoff der Wahl gewesen.
Methan deswegen, weil es keine Rückstände im Triebwerk hinterließ und keine Neigung zu Verbrennungsinstabilitäten aufweist. Booster und Orbiter verfügten über eine so genannte »Engine-out« Fähigkeit. Das heißt, sie sollten ihre Mission auch dann noch ausführen können, wenn bei einem Booster oder dem Orbiter ein Triebwerk ausfiel.
Ein sehr wesentlicher Punkt was das Crew-Rettungssystem. Es war in der Form einer

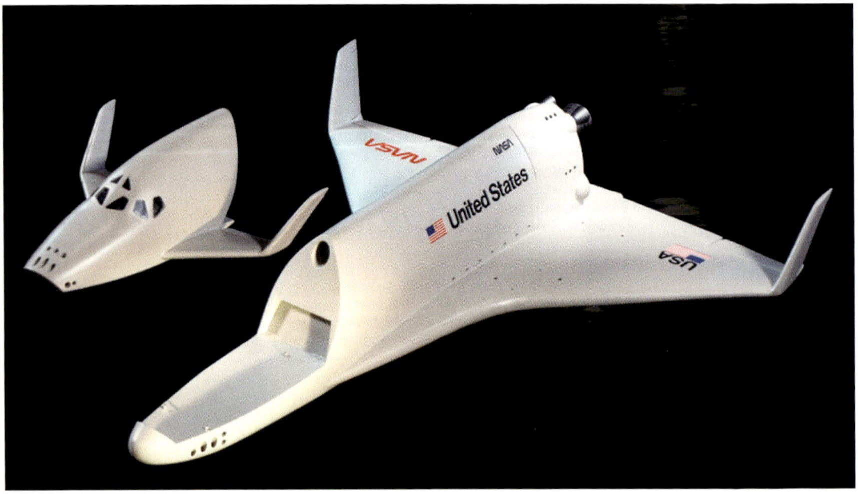

Eine weitere Darstellung der absprengbaren Mannschafts-Rettungskabine.

absprengbaren Mannschaftskabine gestaltet, die als Rettungskapsel für die gesamte Besatzung fungiert, und über Stabilisierungsflossen und ein Fallschirmsystem verfügt hätte. Dieses System reduzierte die Nutzlastkapazität des Systems um 12 Prozent. In der Folge des Challenger-Unfalls galt ein Rettungssystem für die Crew aber als unabdingbar notwendig.

Treibende Kraft für den Entwurf des Shuttle II waren so genannten »operational groundrules«. Das war eine absolute Neuheit für die Raumfahrt. Raketensysteme waren in der Vergangenheit immer von der Leistungsmaximierung her definiert. Es war immer am wichtigsten gewesen, die Nutzlast zu maximieren. Dieser Grundsatz ging stets zu Lasten der operationellen Kosten eines Systems und führte damit unabdingbar zu erhöhten Betriebskosten.

Für diese Studie galt es nun, die operationellen Aspekte zu optimieren, auch wenn das Nutzlast kostete, anstatt wie bisher Aspekte wie maximale Leistung, geringstmögliches Gewicht, fortschrittlichste Technologie und so weiter in den Vordergrund zu stellen. Für den Shuttle II zählten vor allem Zuverlässigkeit, Sicherheit, niedriger operationeller Aufwand und geringe Betriebskosten.

Dies mag ein Blick auf das Handling des Systems am Boden verdeutlichen. Der gesamte Prozess der Startvorbereitung hätte in einem Hangar in horizontalem Zustand erfolgen sollen. Der Orbiter war niedrig ausgelegt, alles wäre leicht zugänglich gewesen. Er wäre – unbetankt - leicht genug gewesen, dass er ohne eine spezielle Startplattform (wie beim Space Shuttle) einfach von einem serienmäßigen Flugzeugschlepper zum Startplatz hätte gezogen werden können. Am Startplatz angekommen hätte ein simples Kippsystem das im Hangar vorbereitete Vehikel in die vertikale Startposition gebracht. Danach hätte die Betankung begonnen.

Soweit wie möglich reduzierte Arbeiten an der Startrampe und so weit wie möglich reduzierte Service-Anforderungen waren weitere Schlüsselfaktoren für die Verringerung der Blockzeiten auf dem Boden. Ziel war es, den Orbiter innerhalb von nur zwölf Werktagen nach der Landung wieder flugbereit verfügbar zu haben. Aus diesem Grund war es auch wichtig, dass sowohl die Booster, als auch der Orbiter selbst in unmittelbarer Nähe einer Wartungsanlage landen sollten.

Und zu guter Letzt sollte die eingesetzte Technologie in gut erreichbarer zeitlicher Nähe liegen. Die Studie des Jahres 1988 forderte, dass keine Technologie angewendet werden sollte, deren praktische Einsatzfähigkeit absehbar erst nach dem Jahre 1992 erfolgen würde.

Typischer Missionsablauf

Der Shuttle II sollte auf seinem eigenen Dreipunkt-Fahrwerk horizontal vom Hangar zur Startrampe geschleppt werden und erst wenige Stunden vor dem Start dort eintreffen. Anders als der Space Shuttle hätte Shuttle II das Vehicle Assembly Building des Kennedy Space Centers nicht benötigt. Auch der Startkomplex 39 mit seinen beiden mächtigen Startanlagen, von denen aus schon die Apollo-Raumschiffe ihre Reise ins All angetreten hatten, wäre nicht erforderlich gewesen. Der Shuttle II wäre stattdessen von einer neu gebauten, moderat großen und sehr einfach strukturierten Rampe aus gestartet.

An dieser neuen Startanlage wären auch die Crew und Passagiere an Bord gegangen. Erst nach dem Einsteigen der Crew wäre er mit einer speziellen Kippvorrichtung in die Vertikale bewegt worden. Danach wäre das Fahrwerk eingefahren worden und eine kleine Bodencrew hätte das Fahrzeug betankt: Mit flüssigem Wasserstoff, mit Methan und mit flüssigem Sauerstoff. Wasserstoff und Methan wären in die vier abwerfbaren Oberflügeltanks gefüllt worden. Der Orbiter selbst hätte den gesamten Sauerstoff und einen Teil des Wasserstoffs

aufgenommen. Voll beladen hätte der Shuttle II eine Masse von 550 Tonnen gehabt, nur gut ein Viertel der Masse des Space Shuttle bei der Zündung der Haupttriebwerke.
Die Ingenieure des Johnson Space Flight Centers gingen davon aus, durch den Einsatz fortschrittlicher Materialien die Masse des Shuttle II entscheidend zu senken. Der Space Shuttle Orbiter, mit seiner Leermasse von 85 Tonnen bestand aus einer konventionellen Aluminium-Titan-Zelle, die rundherum in Thermalschutzmaterial eingeschlossen war. Dieses Material bestand im Wesentlichen aus vielen tausend Keramik-Kacheln und Formteilen aus kohlefaserverstärktem Verbundmaterial. Der Shuttle II sollte ein Leergewicht zwischen 50 und 75 Tonnen aufweisen, und auch er sollte auf dieses Hitzeschutzmaterial vertrauen. Hier würden diese Paneele aber wesentlich größere, monolithische Strukturen sein, die auch in der Lage waren, Strukturlasten aufzunehmen. Die Abwurftanks über den Flügeln sollten aus einer leichtgewichtigen, geschweißten Aluminium-Lithium-Legierung bestehen.
Beim Start würden drei der insgesamt fünf Triebwerke arbeiten. Nicht aber die Triebwerke des Orbit-Maneuvering Systems (OMS). Eingesetzt wären beim Start das einzelne Space Transportation Main Engine (STME) und die beiden Space Transportation Boost Engines (STBE). Ersteres würde flüssigen Wasserstoff und flüssigen Sauerstoff verbrennen. Dieses Triebwerk war als Space Shuttle Haupttriebwerk der zweiten Generation konzipiert. Die beiden anderen Triebwerke würden mit Methan und flüssigem Sauerstoff betrieben und mit flüssigem Wasserstoff gekühlt werden.
STME und STBE's sollten zusammen etwa 30 Prozent mehr Schub erzeugen, als die drei Space Shuttle-Haupttriebwerke zusammen. Sie sollten also einen Gesamtschub von etwa 725 Kilonewton aufweisen. Feststoffmotoren wären

Die Konfiguration unmittelbar nach Erreichen des Orbits. Die beiden Sauerstoff-Wasserstofftanks sind noch nicht gelöst.

NASA Shuttle II	
Geplante Indienststellung:	ca. 2002
Crew Shuttle II:	3
Passagiere (maximal):	9
Spannweite:	Ca. 30 m
Länge:	Ca. 32 m
Höhe:	Ca. 7,5 m
Maximales Startgewicht:	550 t
Startschub:	745 kN
Abmessung Nutzlastbucht:	9 x 4,5 m (H x B)
Schub Haupttriebwerk:	300 kN
Nutzlast auf 500 km/28,5°:	5.500 kg
Nutzlast auf 500 km/28,5°:	16.800 kg

im Entwurf des Shuttle II nicht mehr vorgesehen gewesen. Der gesamte Antriebsbedarf wäre von den drei flüssigkeitsbetriebenen Triebwerken generiert worden. Dieser Punkt des Entwurfs war vor allem auch aus psychologischen Gründen geboren worden: Die Challenger Katastrophe, die durch einen fehlerhaften Design der Feststoffmotoren zustande gekommen war, lag erst kurz zurück.
Nachdem eine Geschwindigkeit von zwei bis drei Kilometern pro Sekunde erreicht gewesen wäre, sollte der Shuttle II seine beiden äußeren Zusatztanks und das Triebwerksmodul mit den STBE's abwerfen. Die Studie empfahl, entweder die Tanks mit den Triebwerken, oder zumindest die Triebwerke alleine wieder zu bergen. Die Ingenieure der NASA stellten sich vor, dass sich die Triebwerke nach der Trennung vom Raumgleiter verkapseln sollten. Nach dem Erreichen der dichteren Luftschichten sollte ein steuerbare Fallschirm ausgeworfen werden. Die landun g wäre danach in einem Fangnetz an Bord eines Bergungsschiffes erfolgt. Der Abwurf der STBE's hätte die Flugeigenschaften des Shuttle II durch die Verlagerung des Schwerpunktes nach vorne verbessert.
In der Zwischenzeit hätte das Haupttriebwerk eine Düsenverlängerung ausgefahren und damit seine Vakuum-Leistung verbessert. Nach dem Abwurf des ersten Außentank-Satzes und der STBE's hätte das Raumfahrzeug nur noch flüssigen Wasserstoff und flüssigen Sauerstoff über das einzelne Haupttriebwerk verbrannt. Sofort nach dem Brennschluss des STME wäre die Düsenverlängerung wieder eingezogen und der innen liegende Satz Außentanks abgeworfen worden. Das zweite Bild dieses Beitrags zeigt den Shuttle II in Orbitkonfiguration allen vier Tanks noch befestigt. Hier hat sich der Künstler ein wenig zu viel Freiheit herausgenommen.
Nach dem Erreichen des Apogäums (also des höchsten Punktes der Übergangsellipse) hätten die beiden kleinen Orbit-Manövriertriebwerke gezündet, um das Perigäum (den niedrigsten Bahnpunkt) aus der Atmosphäre herauszuheben. Am Ende der Manöver hätte sich der Shuttle II in einem kreisförmigen »Raumstationsorbit« in 485 Kilometern Höhe bei einer Bahnneigung von 28.5 Grad zum Äquator befunden. Das waren die Werte, welche die damals konzipierte Raumstation Freedom haben sollte. Die Innentanks, vor dem Orbitmanöver abgeworfen,

Zwei Einheiten des zuverlässigen RL-10-Triebwerks (hier bei einem Test im Stennis-Zentrum der NASA) hätten das Orbit-Manöversystem des Shuttle II betrieben.

wären in die Erdatmosphäre verglüht.
Das Orbit-Manöversystem (OMS) des Shuttle II sollte aus zwei mit flüssigem Sauerstoff und Wasserstoff betriebenen Triebwerken bestehen, die vom zuverlässigen und seit langem verwendeten RL-10 abgeleitet werden sollten. Die Flughistorie des von Rocketdyne gebauten RL-10 Triebwerks geht zurück bis in die frühen 60er-Jahre. Der Wasserstoff und der Sauerstoff sowohl für das OMS-System als auch für die Lageregelung sollte in neuartigen super-isolierten doppelwandigen Tanks gelagert werden, die in der Hecksektion des Fahrzeugs untergebracht werden sollten. Ein Teil dieses Treibstoffs wäre dazu verwendet worden, in Brennstoffzellen Elektrizität und Wasser für das Raumfahrzeug bereitzustellen.
Vom Crewbereich und dem Cockpit sollte ein Tunnel fast durch die ganze Länge des Raumfahrzeugs führen. Etwa in der Mitte des Tunnels, auf der linken Seite, befand sich der Docking -Adapter für das Zusammenkoppeln mit der Raumstation. Dieser Adapter wäre während der freien Flugphasen hinter der Rumpfverkleidung im Inneren des Vehikels verborgen gewesen. Die runde Verkleidung ist im Bildauf Seite 93 oberhalb der amerikanischen Flagge zu erkennen. Vor dem Rendezvous mit dem Space-Shuttle sollte dieses Panel zurückschwingen, danach hätte die Crew den Docking-Adapter ausfahren können.
Die Ingenieure des Johnson Space Centers hatten sich eine ebenso neue wie komplexe Methode ausgedacht, um die Nutzlasten des Shuttle II in den freien Weltraum zu hieven. Die Crew würde die OMS-Triebwerke stilllegen, dann die Leitungen entlüften und trennen, die zu den Tanks über den Tragflächen geführt hatten, Klammern lösen und dann das komplette Heck des Raumfahrzeugs um 90 Grad nach unten schwenken. Die Lageregelungstriebwerke im Heck würden dabei weiterhin funktionieren.
Um Kabelverbindungen zwischen dem Cockpit und dem Heck zu minimieren würden diese von den Astronauten im Cockpit mittels einer Funkverbindung kurzer Reichweite angesteuert.

Die runde Öffnung hinter der sich beim Shuttle II der Docking-Adapter befunden hätte, ist schwach oberhalb der US-Flagge zu erkennen.

Durch das Wegschwenken der Hecksektion würde dann ein großes Fenster im hinteren Teil des Cockpits freigelegt werden. Durch dieses Fenster hätten die Astronauten nun freie Sicht auf den Weltraum und die zylindrische Nutzlastbuch, die einen Durchmesser von etwa 4,5 Meter haben sollte und etwa neun Meter lang gewesen wäre.
Die Astronauten, die an einer »Heckstation« arbeiten sollten, ähnlich wie es sie im Space Shuttle gab, hätten durch dieses Fenster geblickt, während sie eine Art Ladebühne in Fachwerkstruktur ausfuhren. In diesem Behälter in der Form einer Wiege hätte sich die Nutzlast der Mission befunden: wiederverwendbare Logistik-Module für die Raumstation, Experimente, Bauteile. In der Nutzlastbucht wäre auch die Luftschleuse für Außenbord-Aktivitäten gewesen.
Anders als der Space Shuttle hätte der Shuttle II keine Radiatoren gehabt, über die er die Wärme hätte abstrahlen können, welche die Bordsysteme und die Astronauten verursachten. Stattdessen wären die Radiatoren in die Oberseite der Tragflächen integriert gewesen. Sie hätten für die normale Wärmeabstrahlung ausgereicht. Nur in Spezialfällen, wenn es etwa besondere Nutzlasten erfordert hätten, hätte es ausfahrbare Zusatzradiatoren gegeben, um die höheren Wärmelasten abzuführen.
Vor der Rückkehr zur Erde hätten die Astronauten die Ladebühne wieder eingefahren, und Stellmotoren hätten das Heck des Shuttle II wieder hochgeklappt. Der ganze Mechanismus wäre dreifach redundant ausgelegt gewesen, um auf jeden Fall sicher zu stellen, dass das Fahrzeug während des Wiedereintritts dem ultraheißen Plasma keinen Zugang ins Innere des Raumfahrzeugs erlaubt hätte. Für die ersten Einsätze des Shuttle II war es geplant, das Schließen der Ladebucht von außen durch einen Astronauten (der durch die Schleuse ein Außenbordmanöver unternehmen sollte) überwachen zu lassen. Für den Fall, dass das Heck nicht nahtlos an den Rumpf anschloss, hätte dieser Astronaut ein »Reparaturkit«

Das Heck des Shuttle 2 wird für das Entladen der Nutzlast nach unten geklappt.

dabei gehabt. Eine Art Silikonpaste, mit der er eventuelle Lücken hätte ausfüllen können.
Der Wiedereintritt in die Erdatmosphäre wäre dann genauso abgelaufen, wie im Shuttle-Programm. Der Shuttle II hätte das Heck in die Flugrichtung ausgerichtet und dann seine Orbit-Manövertriebwerke gezündet um die Orbitalgeschwindigkeit zu reduzieren. Nach einer weiteren halben Erdumkreisung wäre wieder in die Erdatmosphäre eingetreten. Danach wäre er in antriebslosem Gleitflug zur Runway geschwebt und dort gelandet, genauso wie der Space Shuttle.
Die Bemühungen der US Weltraumagentur, einen Shuttle-Nachfolger zu entwickeln und bauen, waren über mehr als ein Vierteljahrhundert fruchtlos. Nie bekam die NASA die dafür notwendigen Mittel. Gegen Ende der Dienstzeit des Space Shuttle entstand in einem letzten Aufbäumen das Constellation Programm, doch auch das wurde fünf Jahren nach seinem Beginn wieder eingestellt.
Heute, zum Zeitpunkt an dem diese Zeilen entstehen, besitzt die NASA kein bemanntes Raumtransportsystem mehr. Wenn in einiger Zukunft wieder eines existieren wird, dann wird es weit weniger leistungsfähig sein, als der Shuttle, der in den frühen 70er-Jahren konzipiert wurde. Und es wird viel weit weniger leistungsfähig sein, als der Shuttle II, der in den 80er-Jahren konzipiert wurde.

Die Sowjetische Superträgerrakete Energia

Am 13. Mai 1987 kündigte die sowjetische Nachrichtenagentur TASS den Jungfernflug einer neu entwickelten, vielseitig einsetzbaren Trägerrakete für große, bemannte, wieder verwendbare Raumschiffe, schwere Planetensonden und Module von Raumstationen an. Die Trägerrakete war zuvor schon seit Jahren in westlichen Fachkreisen diskutiert worden, insbesondere nachdem Fotos, welche Astronauten aus dem US-Shuttle anfertigten umfangreiche Bauarbeiten in Baikonur zeigten. Gesehen hatte sie jedoch – bis auf die Spezialisten der US-Geheimdienste und einige hochrangige amerikanische Politiker – noch niemand.

Trägerrakete Energia mit Polyus-Kampfstation.

Die Anfänge

Die Entscheidung, mit dem MKS (für: Mnogorazovaya Kosmicheskaya Sistema) Space Shuttle Projekt in die Phase der Vollentwicklung zu gehen, wurde am 12. Februar 1976 durch die sowjetische Führung gefällt. Der Regierungsbeschluss 132-51 trug die Unterschriften von Staatschef Breschnew, Verteidigungsminister Ustinow und von Msitslaw Keldisch, dem Präsidenten der Akademie der Wissenschaften. Diese Order betraf das komplette neue System: Die Trägerrakete, den Orbiter, eine freifliegende Orbit-Einheit (als Nutzlast des Buran), Flugführungssysteme, die Start- und Landeanlagen, die Produktionsstätten und alles was sonst noch dazu gehörte. Bestandteil dieser Order war auch die Anweisung, alle Arbeiten an der unglücklichen Mondrakete N1-L3 endgültig zu beenden.
Für die Abwicklung des kompletten Programms wurde NPO Energia als Hauptauftragnehmer eingesetzt. Die Code-Bezeichnung für den Orbiter, Buran, wurde gleich von Anfang an auch in der offiziellen militärischen Spezifikation verwendet. Der Träger dagegen erhielt zunächst lediglich die vom Entwicklungsbüro vergebene Nummer: 11K25 (wobei das »K« noch für die alte Bezeichnung des Unternehmens: »Korolew« stand). Erst während der nun folgenden Vorentwicklungsphase erhielt es den Namen »Vulkan«. Die Bezeichnung »Energia«, unter der wir sie heute kennen, erhielt die Rakete erst unmittelbar vor ihrem Erstflug. Und das war dann schlichtweg, und nicht sonderlich phantasievoll, die Kurzbezeichnung des Herstellerunternehmens Raketnokosmicheskaya korporatsiya »Energiya« (anglifiziert S.P. Korolev Rocket and Space Corporation »Energia«).
Eine immense Anzahl von Unterauftragnehmern, mehr als 1.200, war an dem Vorhaben beteiligt, dazu noch über 100 staatliche Stellen. NPO Energia sollte den Buran und die Zentralstufe bauen, NPO Yushnoje in der Ukraine bekam die

Aufgabe, die Booster zu entwickeln, die später die Bezeichnung »Zenit« bekamen.

Die 11K25 »Vulkan« war zu Beginn der Entwicklung ein klassischer sowjetischer Spitze der Rakete konnte sowohl ein Container für schwere Nutzlasten gesetzt werden, als auch das Raumflugzeug, welches das Militär forderte. Diese Ausgangskonstruktion musste im Laufe der Entwicklung stark modifiziert werden, um

Montage der Zenit-Booster an den Zentralkörper der Energia.

Design. Die Booster-Stufen wurden um den Zentralkörper herum arrangiert mit der Nutzlast an der Spitze. Dadurch wurde der Eintrag seitlicher Lasten vermieden, was zu einem leichteren und flexibleren Träger führte. Das Vehikel konnte für eine große Bandbreite von Nutzlasten eingesetzt werden in dem man es – je nach deren Einsatzzweck und Gewicht - mit zwei bis acht Boostern ausstattete. Auf die die neuen Anforderungen erfüllen zu können. Die Konstrukteure führten eine große Anzahl von Windkanal-Tests durch und erprobten dabei einen weiten Bereich möglicher Anordnungen von Raketenstufen und Orbiter-Positionen. Am Ende kam es, wie man es von Anfang an vermuten konnte, hatten doch ähnliche Überlegungen zuvor auch in den USA stattgefunden: Die Nutzlast (und das sollte

Die Energia/Polyus-Kombination wird für den Transport an die Startrampe vorbereitet.

Ein seltenes Bild. Die Energia (mit dem Buran) aufrecht stehend in einem Gebäude. Hier in einer Testanlage. Normalerweise wurde sie horizontal integriert.

hauptsächlich der Buran sein) bewegte sich von der Spitze der Rakete in die gleiche seitliche Position wie beim US-Shuttle.
Die Haupttriebwerke verblieben aber in der Zentralstufe. Auch die flüssigkeitsbetriebenen Booster behielt man bei, reduzierte ihre Zahl aber – zumindest für die Basiskonstruktion - auf vier. Nach Abschluss der Entwurfsarbeiten und der Umstellung auf die seitliche Anbringung der Nutzlast hatte das daraus resultierende Vehikel noch die halbe Masse und die halbe Nutzlastkapazität des ursprünglichen Vulkan-Designs. Das war aber ausreichend um den Buran inklusive seiner erforderlichen internen Nutzlast von 30 Tonnen in den Orbit zu bringen.

Grundsätzliche Überlegungen

Der Design, der für die Detailkonstruktion übernommen wurde, bestand aus der Zentralstufe, welche die Bezeichnung »Block Z« trug, und den vier Zenit Flüssigkeitsboostern. Dazu kam, lateral befestigt, entweder der Buran-Orbiter oder aber ein Nutzlastbehälter.

Die gesamte Rakete inklusive Nutzlast war während der Endmontage, während des Transports und auf der Startrampe an ein Startunterstützungsmodul angeschlossen, das alle notwendigen elektrischen, hydraulischen, pneumatischen und anderen Leistungen für das Vehikel in dieser Phase erbrachte.
Die Energia war modular aufgebaut und sollte je nach Einsatzprofil Nutzlasten bis maximal 200 Tonnen Gewicht in den Orbit bringen. Dazu wurde eine umfangreiche Kombinationsmöglichkeit in der Anzahl der Booster, in der Anzahl der Triebwerke der Zentralstufe und in den Oberstufen vorgesehen. Die Version mit zwei Zenit-Boostern beispielsweise trug die Bezeichnung »Groza«, die mit vier Boostern die Bezeichnung »Buran« und die sechs-Booster-Version behielt ihre ursprüngliche Bezeichnung »Vulkan«.
Der Durchmesser der Zentralstufe von 7,7 Metern war bestimmt durch das bereits aus dem N1 Programm existierende Gerät für die operationellen Prozesse am Boden, das so

genannte »Ground Support Equipment«. Die 3,9 Meter Durchmesser für die Boosterstufen waren bestimmt durch den Maximaldurchmesser der für den Schienentransport von der Ukraine her möglich war. Montagehallen und die Startanlagen in Baikonur übernahm man schließlich weitgehend aus dem N1-Mondprogramm.
Die Auswahl der Treibstoffe für die Booster verursachte eine erheblich Kontroverse.

Die Kombination Energia/Polyus wird zur Startrampe gefahren.

Zunächst wurde erwogen, feste Treibstoffe zu verwenden, so wie es die Amerikaner im Shuttle-Programm machten. Doch die sowjetische Erfahrung mit Festtreibstoffen war begrenzt auf kleine Einheiten für land- und seegestützte Interkontinentalraketen. Es gab keine technologische Basis für die Produktion großer Feststoffbooster und auch der Transport der mächtigen Segmente hätte Problem bereitet. Man entschied sich schließlich, die bekannte Kombination aus flüssigem Sauerstoff und Kerosin einzusetzen.
Ein weiterer Faktor für die Treibstoffwahl der Booster war, dass der Oxidator der Zentralstufe in jedem Fall kryogen sein musste. Für diese Zentraleinheit wurde zunächst die Kombination Sauerstoff/Kerosin untersucht, mit der es jahrzehntelange Erfahrung in der Sowjetunion gab. Aber eines der Hauptziele des Projektes war es, den technologischen Vorsprung der Amerikaner auf dem Gebiet kryogener Antriebe zu eliminieren. Aus diesem Grund nahm man sich vor, die Triebwerke der Energia-Zentralstufe so nahe wie möglich an Schubniveau,

Brennkammerdruck und spezifischem Impuls der Space-Shuttle Haupttriebwerke zu orientieren. Ein Ziel, das man letztendlich sogar übertraf.

NPO Energia »Energia«	
Länge:	58,80 m
Durchmesser Basis:	15,60 m
Gesamtmasse:	2.375 t
Startschub:	34.800 kN
Nutzlast in LEO:	105.000 kg
Booster:	Zenit
Triebwerke:	4 x Energomash RD 170
Schub in Meereshöhe:	4 x 7.560 kN
Brenndauer:	149 Sekunden
Treibstoff:	Kerosin
Oxidator:	Sauerstoff
Masse leer:	262.000 kg
Masse betankt:	1.490.400 kg
Länge:	39,50 m
Durchmesser:	4 x 3,92 m
Hauptstufe:	Block Z
Triebwerke:	4 x RD 0120
Schub Meereshöhe:	4 x 1.450 kN
Schub Vakuum:	4 x 1.975 kN
Brenndauer:	472 Sekunden
Treibstoff:	Wasserstoff
Oxidator:	Sauerstoff
Masse leer:	72.600 kg
Masse betankt:	776.200 kg
Länge:	58,80 m
Durchmesser:	7,75 m
Einsatzhistorie	
Erster Start:	15.06.1987
Zweiter (und letzter) Start:	15.11.1988

Der Startverlauf der Energia war ähnlich wie beim US-Shuttle. Am Boden wurden zunächst alle Triebwerke gezündet, sowohl die der

Die Zenit. Sie wird heute als eigenständige Trägerrakete eingesetzt, war aber zunächst nichts anderes als ein Energia-Booster.

Hauptstufe als auch die der Booster. Nachdem sie ihren Treibstoff verbraucht hatten, wurden diese seitlichen Starthilfsraketen abgetrennt. Der Antrieb der Hauptstufe arbeitete weiter. Die Antriebsphase des Trägers endete dann knapp unterhalb der Orbitalgeschwindigkeit von 7,8 Kilometern pro Sekunde. Die letzten etwa 100 Meter pro Sekunde an Antriebsleistung wurden von der Nutzlast selbst wahrgenommen.
Dies gelang beim ersten Einsatz der Energia nicht. Beim zweiten Flug wurde dagegen der endgültige Bahneinschuss erfolgreich durch den Buran durchgeführt. Die Energia-Zentralstufe verglühte nach einer knappen Erdumkreisung in der Erdatmosphäre.

Die Entwicklung der Energia

Die Entwurfsarbeiten für das MKS waren offiziell am 12. Dezember 1976 abgeschlossen und das Angebot für den Baubeginn wurde vorgelegt. Vom Militär bekam das Vorhaben die Index-Nummer 1K11K25 zugewiesen, das Trägerfahrzeug selbst erhielt die Nummer 11K25. Der Projektentwurf wurde im Juli 1977 von einer Expertenkommission geprüft und am 21. November desselben Jahres wurde der Entwicklungsplan mit dem Regierungsbeschluss 1006-323 genehmigt. Die Detailentwicklung war im Mai 1978 abgeschlossen und der Bau der ersten Hardware begann. Zu diesem Zeitpunkt sah der Flugtestplan wie folgt aus:

- Erstflug 1983. Die Nutzlast sollte ein unbemanntes Mock-up des Buran-Orbiters sein, und zwar das OK-ML-1, das Strukturmodell für statische Versuche und Schnittstellentests. Dieses Mock-up war nicht mit einem Hitzeschild ausgerüstet. Es wäre am Booster befestigt geblieben, mit diesem nach einer halben Erdumkreisung wieder in die Erdatmosphäre eingetreten und verglüht.
- Beim zweiten Start sollte das zweite Mock-

up eingesetzt werden, das OK-ML-2. Dieses Mal hätte es sich vom Träger trennen sollen. Aber auch dieses Mock-up wäre ohne Hitzeschild geflogen, und daher nicht wieder verwendbar gewesen.

- Der - unbemannte - Erstflug des Buran, des ersten sowjetischen Einsatz-Shuttles war für 1984 als dritte Mission der Energia geplant. Danach wäre eine ganze Reihe weiterer unbemannter und bemannter Testmissionen erfolgt.
- Spätestens zum 70. Jahrestag der Sowjetunion, im Jahre 1987, sollte das System Energia-Buran uneingeschränkt einsatzbereit sein.

Am 31. Dezember 1979 wurde das 1:1 Modell der Energia nach Baikonur geliefert.

Das RD-180- Triebwerk mit seinen zwei Brennkammern, das auch heute noch eingesetzt wird, ist ein direkter »Nachkomme« des RD-170 Triebwerk, das vier Brennkammern aufwies.

Die Transporte der Hauptbaugruppen nach Baikonur erfolgten mit der 3-MT »Atlant«.

Dieses Mock-up trug die Bezeichnung EUK13 und gab die lediglich die Dimensionen des Fahrzeugs exakt wieder. Es wurde benötigt, um die Mannschaften in Baikonur mit dem Handling des neuen Trägers zu trainieren, und Vorrichtungen und Werkzeuge daran zu kalibrieren. Das erste hochdetaillierte Mock-up wurde erst Ende 1982 nach Baikonur geliefert. In den Jahren 1979 bis 1982 ging die Entwicklung nur schleppend voran. Hauptfaktor in dieser Zeit war, dass bei Yushnoje in der Ukraine die Entwicklung der Zenit-Booster, und hier insbesondere der Triebwerke, nicht vorankam. Die mehrjährigen Verzögerungen dort führten zu einem Wechsel im Management.
Im Mai 1983 wurde ein Energia Mock-up (das Modell 4M) dynamischen Tests unterzogen. Diese Einheit wurde danach zurück in die Fertigungshalle in Baikonur gebracht und mit einem vollständig funktionalen Treibstoffsystem aufgerüstet. Danach wurden mit dem 4M-Mockup von März bis Oktober 1985 Tests

des Betankungs- und Leitungssystem unter Einsatzbedingungen durchgeführt. Insgesamt wurden neun Betankungszyklen mit superkaltem flüssigem Wasserstoff und Sauerstoff durchgeführt. Damit wurde die Energia erstmals operationellen Belastungen unterworfen.
Für den 21. März 1986 war der erste Brennversuch aller Energia-Zentralstufentriebwerke geplant. Alle vier Motoren sollten für 20 Sekunden feuern. Der Test wurde aber bereits nach 2,6 Sekunden abgebrochen, als einer der Sensoren eine zu langsam laufende Turbopumpe identifizierte.
Im Juli 1986 lieferte Chrunitschew das Polyus-Mockup für gemeinsame Tests mit der Energia nach Baikonur. Das Polyus-Raumfahrzeug war 37 Meter lang, hatte einen Durchmesser von 4,10 Meter und wog 80 Tonnen.

Die Kombination Energia/Polyus ist auf der Startrampe von Gerüsten umgeben.

Im August und September 1986 fanden Tests der Energia mit einem Nutzlast-Behälter statt. Nachdem die Entscheidung gefallen war, den ersten Testflug ohne den Buran-Orbiter durchzuführen wurde eine Dummy-Nutzlast zusammen mit einer Feststoffrakete verwendet um die Lasten, die von den Booster-Raketen kommen, zu simulieren.
Am 1. September 1986 wurde ein Test mit allen vier Haupttriebwerken durchgeführt, wobei die Triebwerke für 390 Sekunden arbeiteten.
Am 11. Mai 1987 startete die Energia mit der Seriennummer 6SL zu ihrem Erstflug. Der Start war für 21:30 Uhr Moskauer Zeit geplant gewesen. Er wurde aber zunächst um fünf Stunden verschoben, weil ein Problem in einem elektrischen Verteilersystem entdeckt worden war. Schließlich gab es wegen eines fehlerhaften Wasserstoff-Thermostaten noch einmal eine einstündige Verzögerung. Der Start der Energia

Die Kombination Energia/Polyus steht auf der Startrampe.

verlief erfolgreich, nicht aber die Mission der Polyus-Kampfstation. Sie konnte sich wegen eines Fehlers im Flugführungssystem nicht wie vorgesehen selbst in den Orbit bringen.

Resumee

Der Erstflug der Energia hätte schon im 1983 stattfinden sollen, aber schon bald war das Programm Jahre hinter dem Zeitplan zurück. Im Herbst 1986 wurde beschlossen, den ersten Energia-Flug mit einer Attrappe der geplanten Skif-DM-Polyus Orbitalkampfstation auszurüsten. Die darauf folgenden zehn Flüge sollten jedoch alle mit dem Buran als Nutzlast fliegen, wobei nur die beiden ersten unbemannt geplant waren. Erst der dritte Buran-Einsatz sollte schon beim Start bemannt erfolgen.
Doch mit dem Niedergang der Sowjetunion kam es ganz anders. Die beiden einzigen Flüge der mächtigen Energia, der stärksten Trägerrakete der Welt, erfolgten am 15. Mai 1987 und am 15. November 1988. Beim ersten Einsatz wurde die Polyus-Kampfstation mitgenommen. Beim zweiten Flug war der sowjetische Raumgleiter Buran an der Außenseite des Trägers befestigt. Erst nach diesem Erstflug wurde der westlichen Öffentlichkeit das Konzept klar, das dahinter stand. Die Rakete war modular aufgebaut. Ein 60 Meter langer und 8 Meter durchmessender Basisblock war mit vier Triebwerken ausgestattet, die mit flüssigem Wasserstoff als Treibstoff und flüssigem Sauerstoff als Oxidator arbeiteten. Dieser Basisblock war nicht wieder verwendbar.
An diesem Zentralelement waren vier Booster jeweils paarweise befestigt. Sie waren mit je einem Vierkammertriebwerk ausgerüstet das mit Kerosin als Treibstoff und flüssigem Sauerstoff als Oxidator arbeiteten. Sie waren wieder verwendbar, ähnlich den Feststoffmotoren des US-Shuttles. Die Transportkapazität in den niedrigen Erdorbit betrug in dieser Version 105 Tonnen. Es hätten aber auch, dank der Modularität des Designs, zwei, sechs oder acht Booster sein können. Mit dieser Flexibilität in der Auslegung hätte die Energia zwischen 60 und 150 Tonnen Nutzlast in einen niedrigen Erdorbit bringen können.
Mit den RD-0120-Triebwerken des Basisblocks betrat die Sowjetunion technologisches Neuland. Nie zuvor hatte man dort ein Sauerstoff-Wasserstoff-Triebwerk entwickelt, geschweige denn eines in dieser Leistungsklasse. Erstaunlicherweise verlief die Entwicklung dieses Triebwerks nahezu problemfrei. Der Motor war ähnlich ambitioniert, wie das des amerikanischen Space Shuttle. Es arbeitete im technisch schwierig zu bewältigenden Hauptstromverfahren, sogar mit etwas höheren Drücken als sein US-Pendant und verfügte über ein komplexes Einwellen-Turbopumpen-Paket.
Aufwendig und problembehaftet zeigte sich dagegen die Entwicklung des RD-0170 Triebwerkes für die Booster. Lange Zeit sah es so aus, als würde man die Probleme mit der Verbrennungsinstabilität und der Kühlung der Brennkammerwände nicht in den Griff bekommen. Ein zusätzliches Problem war die Wiederverwendbarkeit der Motoren, die zehn Einsätze absolvieren können sollten.
Diese Booster wären nach dem Einsatz an Fallschirmen und Luftpolstern einige hundert Kilometer von der Startstelle entfernt weich gelandet. Bei den beiden Einsätzen der Energia, die als Versuchsstarts definiert waren, wurde dieses Verfahren allerdings nicht getestet. Es ist bis auf den heutigen Tag unklar, wie die 35 Tonnen schweren und 35 Meter langen Booster aus unwegsamem Gelände weitab jeglicher Verkehrsinfrastruktur hätten geborgen werden sollen.
Immerhin brachte zumindest die Entwicklung der Booster einen Nutzen, der den Zusammenbruch des Sowjet-Reiches überdauerte: Nachdem sie im Grund eigenständige Trägerraketen waren, bilden die damaligen Energia-Booster die erste Stufe der heutigen Zenit-Trägerakete.

Die superschwere Energia mit dem Namen »Vulkan« und sechs Zenit-Boostern blieb eine künstlerische Darstellung.

Die RD-0170-Triebwerke dieser Booster waren nicht nur für die damalige Zeit eine technische Meisterleistung. Sie sind bis auf den heutigen Tag die stärksten flüssigkeitsbetriebenen Triebwerke weltweit. Dieses Triebwerk findet in einer etwas vereinfachten Form (da es nicht mehrfach einsetzbar zu sein braucht) als RD-171 nicht nur in der Zenit Anwendung, sondern wird auch als RD-0180 in einer Zweikammerversion in der US-amerikanischen Atlas 5 verwendet. Es ist leistungsstärker als das F-1 Triebwerk der ersten Stufe der Saturn 5, das lange Zeit als das stärkste mit flüssigen Treibstoffen arbeitende Raketentriebwerk der Welt galt. In der Zenit und denTriebwerken RD-171 und RD-180 lebt die »Legende« Energia noch heute.

Der Buran

Nachdem im November 1972 auch die vierte Mission der russischen N1-L3 Mondrakete gescheitert war, waren die Tage dieses unglücklichen sowjetischen Großträgers gezählt. Im August 1974 wurde das Programm inoffziell eingestellt und gleichzeitig begannen die Gespräche über ein Nachfolge-Vorhaben. Im Oktober 1974 erhielt NPO Energia einen Studienauftrag für ein neuartiges Trägersystem mit einer Nutzlast von 80 Tonnen. Das Projekt erhielt die Bezeichnung »Mnogorazovaya Kosmicheskaya Sistema«, kurz MKS. Übersetzt bedeutet das: wiederverwendbares Raumtransportsystem. Dies war die Geburtsstunde zweier Raumfahrzeuge, deren Schicksal untrennbar miteinander verwoben sind: Die Trägerrakete Energia und der sowjetische Shuttle Buran.

Buran & Energia bei den Startvorbereitungen.

Die Sowjets entwickelten den Buran vor allem als Antwort auf das US Shuttle-Programm. Bei den sowjetischen Streitkräften, und hier vor allem bei Verteidigungsminister Dimitri Ustinov, gab es erhebliche Sorgen bezüglich des militärischen Potentials des US-Shuttles. Der Verdacht entstand durch die enorme Nutzlastkapazität der US-Fähren, die ein Mehrfaches bisheriger US-Raumfahrzeuge betrug. Die Sowjetische Regierung schaltete daraufhin das TsNIIMash ein, das damals wie heute führende Institut der Luft- und Raumfahrtforschung, um das Potential des US-Shuttle zu analysieren.
Auch die Analytiker des Instituts konnten sich nicht vorstellen, dass es irgendeine zivile Nutzlast gäbe, die groß genug wäre, um ein Vehikel mit dieser Kapazität auszulasten. Zusätzlich irritierend für die Sowjets war auch die damals geplante enorme Flugfrequenz von mehr als 50 Einsätzen pro Jahr. Das so genannte »Star Wars« Programm von Ronald Reagan in den 80er-Jahren bestätigte die sowjetischen Politiker später noch in ihrer Entscheidung.
Der damalige Institutsdirektor, Juri Mozzhorin, kam zum Schluss, dass es sich beim US-Shuttle hauptsächlich um ein Militärgerät handeln musste. Selbst frei zugängliche US-Analysen der damaligen Zeit zeigten, dass sich der US-Shuttle wirtschaftlich nur dann rechnen würde, wenn er eine sehr große Anzahl von Flügen absolvieren würde. Mozzhorin (und, zugegebenermaßen auch niemand im Westen) konnte aber im zivilen Bereich einen Bedarf von dieser Größe erkennen. Er konnte nur Vermutungen äußern. Welchen militärischen Zweck der US-Shuttle verfolgen sollte, wusste er auch nicht. Den wahren und sehr banalen Grund, nämlich dass der US-Shuttle niemals in der Lage gewesen wäre, die veröffentlichten Flugfrequenzen zu erreichen, hätte er damals sicher auch nicht geglaubt.

Buran in der Endmontage.

Und schließlich verunsicherte Ustinov ein Bericht über die so genannten »Orbit-once-around«-Fähigkeiten des Shuttle. Eine Fähigkeit, welche die Sowjets seit den Tagen des Dyna-Soar fürchteten. Dabei ging es darum, dass das US-Militär Absetzaktionen für Nutzlasten aller Art, einschließlich Atombomben, planten, die nur einen einzigen Erdumlauf erfordern würden. Eine Mission von nur gut 100 Minuten also. Missionen dieser Art, die von der Luftwaffenbasis Vandenberg aus beginnen sollten, plante die US-Luftwaffe bis in die 80er-Jahre hinein.
Die Summe all dieser Überlegungen gab schließlich die Spezifikation für den sowjetischen Shuttle vor. Die Eckpunkte des Anforderungskatalogs für den Buran lauteten wie folgt:

- Verhinderung der militärischen Nutzung des Weltraums durch den Feind
- Militärische, wissenschaftliche und ökonomische Weltraumforschung
- Durchführung militärischer und wissenschaftlicher Experimente unter Nutzung großer Orbitalkomplexe
- Transport von Kosmonauten, Nachschubgütern und Bauteilen in den Orbit
- Transport von 30 metrischen Tonnen Nutzlast auf eine kreisförmige Umlaufbahn von 200 Kilometern Höhe mit einer Bahnneigung von 50,7 Grad gegen den Äquator, gefolgt von mindestens sieben Tagen orbitaler Operationen und danach Rückkehr mit 20 metrischen Tonnen Nutzlast zur Erde
- Ausbeutung der Technologie, die für das US-Space Shuttle entwickelt wurde, um dadurch im Kenntnisstand der sowjetischen Weltraumtechnologie mindestens auf US-Standard zu kommen

Der Buran wird in der großen Montagehalle in Baikonur für den Start vorbereitet.

Doch obwohl man die grundlegende Form des US-Shuttles kopierte, konnte man diese Kopie nicht in allen Aspekten auf die Spitze treiben. Manche Technologien ließen sich in der Sowjetunion einfach nicht replizieren, ohne einen unverhältnismäßigen Aufwand zu verursachen. In anderen Dingen wollte man auf erarbeitete Technologien nicht verzichten, und in weiteren Aspekten war man der Meinung, dass man durchaus etwas Besseres zustande bringen könnte, als die Amerikaner.

Technik

In den 70er-Jahren hatten die Sowjets bereits umfangreiche Versuche mit aerodynamisch geformten Wiedereintrittskörpern unternommen. Das bekannteste dieser Fahrzeuge war der für bemannte Einsätze konzipierte kleine Raumgleiter »Spiral«. Seit 1977 hatte es Flugtests in der Atmosphäre mit diesem Vehikel gegeben. Dabei wurde er von einem modifizierten strategischen Bomber des Typs Tupolev-95 abgeworfen. Ab 1980 wurden mit der »Spiral« auch unbemannte suborbitale und orbitale Flüge unternommen.

Die Kombination aus Energia und Buran wird auf die Transportvorrichtung gehoben.

Die dafür eingesetzten Fahrzeuge trugen die Bezeichnung »Bor-4«.
Für diese Raumflüge kamen Trägerraketen vom Typ Kosmos-3M zum Einsatz. Die Starts erfolgten von Kapustin Jar aus. »Spiral« war von der Form her ein Lifting-Body mit Stummelflügeln. Man möchte annehmen, dass nach den umfangreichen und positiven Erfahrungen mit dieser aerodynamischen Form der Spiral-Entwurf auch als Basis für den Buran verwendet werden würde.
Dem war jedoch nicht so. Am Ende entschieden sich die Verantwortlichen für eine aerodynamische Form, von der sie wussten, dass sie auch in einem achtmal größeren Maßstab funktionieren würde: Die Form des amerikanischen Space Shuttles.
Der Erfolg von Apollo und der Fehlschlag des N1-L3 Programms waren ein deutlicher Hinweis für den Rückstand in der sowjetischen Technologie. Um Zeit und Geld zu sparen, wurde vorgeschlagen, den amerikanischen Design so weit wie möglich zu kopieren. Die sowjetischen Raketenspezialisten studierten die Konstruktion des US-Shuttles intensiv und kamen dann zum Ergebnis, dass sie nicht alle Aspekte des US-Raumtransportsystems übernehmen konnten. Dies betraf insbesondere die Produktion massiver Feststoffbooster, wie sie im Shuttle-Programm verwendet wurden.
Glushko schlug daher ein Startfahrzeug mit flüssigkeitsgetriebenen Boostern vor, mit Triebwerken in der Schubklasse von 700 Tonnen. Diese Triebwerke befanden sich bereits in der Entwicklung.
Dennoch gleicht der sowjetische Buran dem US Space Shuttle so sehr, dass es für einen Laien auf den ersten Blick schwierig ist, die beiden auseinander zu halten. Beim zweiten Hinsehen gibt es jedoch eine ganze Reihe von Unterschieden. Der auffäligster ist, dass der Buran keine Haupttriebwerke besitzt, wie der amerikanische Shuttle. Anders als dieser wurde er komplett als Nutzlast der Energia-Rakete in den Orbit befördert und stellt kein

eigenständiges Startsystem dar. Darüber hinaus war der Buran, anders als der US-Shuttle, von Anfang an dafür ausgelegt, auch unbemannte Einsätze durchzuführen.
Das Orbit-Manövriersystem wurde beim sowjetischen Shuttle mit Sauerstoff und Kerosin betrieben und nicht mit der giftigen Kombination aus Stickstofftetroxid und Hydrazin wie bei seinem amerikanischen Pendant.
Die sowjetischen Shuttles waren für eine Besatzungsstärke von zwei bis 10 Kosmonauten ausgelegt, während die US-Shuttles mit 2-7 Astronauten starteten (in einem Fall allerdings auch mit acht Astronauten).
Es gab noch eine Vielzahl von Abweichungen gegenüber dem US-Shuttle, etwa in der Flügelfläche, bei der Fahrwerksauslegung oder dem charakteristischen zweigeteilten Seitenruder, die den Buran eindeutig als eigenständige Konstruktion identifizieren.

Bau der Prototypen und erste Tests

Ähnlich wie die USA im Shuttle-Programm lag auch in der UdSSR das Buran-Programm bald um Jahre hinter der Planung zurück. Immerhin war im Mai 1978 die technische Auslegung abgeschlossen und man konnte mit der Detailkonstruktion und dem Bau der ersten Testeinheiten beginnen. Zu diesem Zeitpunkt ging man noch davon aus, dass der Erstflug der Energia, des Trägers des Buran, 1983 erfolgen könnte (tatsächlich wurde es 1987) und der erste Orbitflug des Buran im Jahre 1984 (es wurde 1988). Gegen 1987 sollte die

Horizontaler Schienentransport des Buran zur Startanlage. Im Hintergrund ist noch das Montagegebäude zu erkennen.

Erprobungsphase abgeschlossen sein.
Für die Transporte der großen Außentanks des Energia-Trägers und des Buran selbst wurden in den Jahren 1979-1982 drei Mjassischtschew M-4 Bomber modifiziert. Diese Spezialversion trug die Bezeichnung 3-MT »Atlant«. Der Erstflug dieses Transportflugzeugs fand am 6. Januar 1982 statt. Im April desselben Jahres begann man mit den Transporten von Großbauteilen nach Baikonur

Leider war das Flugzeug aber erst ab 1989 einsatzfähig. Da war das Buran-Programm schon fast beendet.
1979 wurde EUK13 nach Baikonur geliefert, ein Dimensionsmodell des Buran, ohne technische Ausstattung aber in den korrekten Abmessungen. Dieses Modell entsprach seinem amerikanischen Gegenstück, einem 1:1 Modell des Shuttles mit der Bezeichnung »Pathfinder«. Man benötigte es da wie dort für die Erprobung

Die Transporte der Buran und Energia-Baugruppen nach Baikonur mit der 3-MT »Atlant« begannen im Herbst 1982.

Es zeigte sich aber bald, dass dieses Flugzeug unterdimensioniert und untermotorisiert war und es kam zu einer Reihe kleinerer Unfälle. Um die zu schwach konzipierte »Atlant« zu ersetzen wurde ab 1985 das Projekt »Mrija« in Angriff genommen. Bei diesem Flugzeug handelte es sich um eine sechsmotorige Spezialversion der an sich vierstrahligen Antonow An 124. Sie trug die Typenbezeichnung Antonow 225. Diese Maschine war perfekt geeignet für die Überführung großer Bauteile und ganzer Orbiter.

von Werkzeugen, Startanlagen und als Trainingsgerät für das später am richtigen Fluggerät eingesetzte Personal.
Im August 1983 wurde der Buran System-Teststand bei NPO Energia fertig gestellt. Mit dieser Anlage konnte man nun das elektrische System im Zusammenwirken erproben, das Verhalten der Hydraulik und aller mechanischen Komponenten, man konnte alle Fehlermodi durchspielen, und man hatte jetzt ein Werkzeug für Telemetrie-Tests , Interface-Tests mit dem

Überführungsflug des Buran auf dem Rücken der Antononw An 225 »Mrija«.

Trägerfahrzeug, Systemsoftware-Tests und vieles andere.
Im Dezember 1983 kam die OK-ML-1 nach Baikonur, das im Detail komplette erste Struktur- und Testmodell des Buran.
Im November 1985 begannen die so genannten »Analog-Flüge« des Buran. Dabei wurden zwei stark modifizierte Tupolev 154 Passagierflugzeuge eingesetzt mit denen man die berechneten Buran-Handlingsqualitäten nachstellte und so die Piloten trainieren konnte. Den Erstflug absolvierte diese Maschine am 10. November 1985 mit Igor Volk am Steuer.
Während der Erprobungsphase führten die

Dieses original Bor-5-Raumfahrzeug befindet sich heute im Technikmuseum Speyer.

Die OK-GLI kann heute im Technikmuseum Speyer besichtigt werden.

Der Buran wird zur Startrampe gebracht.

Sowjets auch fünf Orbitalflüge mit maßstäblich verkleinerten Modellen des Buran (im Maßstab 1:8) durch. Diese Modelle, mit der Bezeichnung »Bor 5« wurden von Kapustin Jar aus mit Trägerraketen des Typs Kosmos 3M in den Orbit gebracht. Der erste Flug eines solchen Fahrzeugs, Bor 501, fand am 6. Juli 1984 statt. Die fünfte und letzte, Bor 505, startete am 22. Juni 1988. Vier dieser der fünf Vehikel konnten geborgen werden.

Im Januar und Februar 1986 wurden Bauteile (Flügel und Rumpfkomponenten) der späteren ersten Flugeinheit nach Baikonur geliefert. Zwischen dem 29. Dezember 1984 und dem 29. Dezember 1989 wurden insgesamt sechs Rolltests und 25 Flüge mit dem OK-GLI durchgeführt, einem aerodynamischen 1:1 Modell des Buran. Dieses Fluggerät war für Anflug- und Landeversuche bestimmt und zu diesem Zweck mit vier AL-31 Triebwerken ausgerüstet, mit deren Hilfe es mit eigener Kraft starten konnte. Bei diesen 25 Flügen wurden 36 Anflüge wie bei einer normalen Buran-Landung aus dem Weltraum praktiziert. 15 dieser Anflüge erfolgten vollautomatisch, ohne Eingriff der Piloten.

Bei 25 dieser insgesamt 31 Einsätze, wenn man die Rolltest mitzählt, waren entweder Igor Volk oder Anatoli Levchenko am Steuer (zusammen mit jeweils einem anderen Testpiloten). Die Flüge dauerten zwischen 12 und 32 Minuten. Die OK-GLI kann heute im Technikmuseum Speyer besichtigt werden.

Am 15. Oktober 1987 war der Buran vollständig fertig gestellt, aber erst im Mai 1988 begann die Integration mit der Energia-Trägerrakete. Am 19. Mail 1988 wurde die Kombination zum ersten Mal zum Startplatz 110 gerollt, wo dann einen Monat lang Tests der Start- und Betankungsanlage sowie der Countdown-Prozedur erfolgten. Am 19. Juni kam die Kombination wieder zurück in das Integrationsgebäude.

Am 13. September 1988 begannen die

Vorbereitungen für den Start. Am 10. Oktober wurde die Buran/Energia-Kombination erneut zum Startplatz gebracht und am 26. Oktober gab die Startkommission die Freigabe für den Start am 29. Oktober.
Am 29. Oktober, nur 51 Sekunden vor dem geplanten Zeitpunkt für die Zündung der Triebwerke, wurde der Startvorgang abgebrochen. Es stellte sich heraus, dass ein Fehler in einer Bodenanlage vorlag.
Der erste und einzige Flug des sowjetischen Shuttles begann schließlich am 15. November 1988, exakt um 6:00 Uhr Moskauer Zeit. 206 Minuten später erfolgte die Landung auf dem Yubileiniy-Flugplatz in Baikonur.

Die Kombination aus Buran und Energia wird an der Startstelle aufgerichtet.

Besatzungsplanung

Eine Regel im Raumfahrtprogramm der Sowjetunion, die nach der fehlgeschlagenen Mission von Sojus 25 im Jahre 1977 aufgestellt worden war, besagte, dass die Besatzungen aller bemannter sowjetischen Raumflugmissionen mit mindestens einem Kosmonauten besetzt werden mussten, der schon zuvor einen Raumflug absolviert hatte. Im Jahre 1982 wurde deshalb festgelegt, dass jeder zukünftige Buran-Kommandant und sein Vertreter vor ihrem Buran-Flug einen Raumflug in der Sojus zur Raumstation Saljut7, respektive Mir zu unternehmen hatten. Zu diesem Zeitpunkt hatte die Auswahl der Piloten bereits stattgefunden. Sie wurden im Gromov-Testpilotenzentrum geschult und dann im Buran-Programm eingesetzt.
Zum ersten Kommandanten des Buran wurde Igor Volk ernannt. Um ihm Raumflugerfahrung zu verschaffen, wurde er mit Sojus T-12 zur Raumstation Salut 7 entsandt (zusammen mit Wladimir Dshanibekow und Swetlana Sawitzkaja). Zu dieser Zeit war es in der Sowjetunion schon üblich, den jeweils dritten Sitz der Sojus an einen »zahlenden Kunden« aus dem Ausland oder aber einen sowjetischen Wissenschaftskosmonauten zu vergeben. Bei Sojus T-11 war dies beispielsweise der Inder Rakesh Sharma gewesen. Die kurzfristige Aufnahme von Igor Volk in die Crew verursachte in westlichen Fachkreisen erhebliches Kopfzerbrechen. Das Buran-Programm war streng geheim und im Westen völlig unbekannt. Dagegen war leicht herauszufinden, dass Igor Volk einer der sowjetischen Top-Testpiloten war. Und so fragten sich die Fachpublikationen wie zum Beispiel das Britische Spaceflight-Magazin, was um alles in der Welt ein Testpilot anstelle eines Wissenschaftskosmonauten an Bord des Raumfahrzeuges machen sollte.
Auch der als zweiter Kommandant vorgesehene Anatoli Levtschenko bekam einen Sojus-Flug. Er startete im Dezember 1987 zusammen

mit Wladimir Titow und Musa Manarov zur Raumstation Mir und blieb dort acht Tage. Lewtschenko erlitt ein tragisches Schicksal. Er starb weniger als acht Monate nach seinem Raumflug an einem aggressiven, schnell wachsenden Gehirntumor.

Der Buran wartet in der kasachischen Steppe auf den Start.

Erster und einziger Flug des Buran

1987 kündigte der Kosmonaut Alexei Leonow den ersten – unbemannten - Weltraumeinsatz des Buran für 1988 an. Er sollte beim zweiten Start der Trägerrakete Energia erfolgen.
Ende September 1988 veröffentlichte das sowjetische Regierungsorgan TASS erste Fotos der Kobmination aus Energia und Buran.
Als Starttermin wurde darin der 29. Oktober vorgesehen. Weiter wurde mitgeteilt, dass der Gleiter nach zwei Erdumkreisungen wieder auf dem Kosmodrom Baikonur auf einer Betonpiste 12 Kilometer vom Startort entfernt landen sollte.
An diesem 29. Oktober berichtete das sowjetische Fernsehen live. Keine Selbstverständlichkeit in diesen Tagen. Alles verlief planmäßig, aber 51 Sekunden vor dem geplanten Startzeitpunkt wurde der Countdown abgebrochen.
Für den 15. November wurde ein neuer Starversuch anberaumt, trotz des schlechten Wetters. Dieses Mal verlief alles glatt. Um

Der Buran im Orbit. Davon gibt es keine Bilder und deshalb sind wir hier auf diese künstlerische Darstellung angewiesen.

Punkt acht Uhr morgens Ortszeit, noch in der Dunkelheit, erhob sich die Energia mit dem Buran auf dem Rücken von der Startrampe. Nach zwei Minuten und 45 Sekunden, in etwa 60 Kilometern Höhe, wurden die Booster abgesprengt. Acht Minuten und zwei Sekunden nach dem Verlassen der Startanlage, unmittelbar nach dem Brennschluss der Zentralstufe, löste sich der Buran vom Träger.

Drei Sekunden danach zündeten die Orbitaltriebwerke des Buran zur ersten von insgesamt zwei Brennperioden. Die erste Zündphase dauerte 67 Sekunden, die zweite, die knapp neun Minuten nach der Trennung vom Träger erfolgte, dauerte 42 Sekunden. Danach

war eine Umlaufbahn in einer Höhe zwischen 252 und 256 Kilometern erreicht.
Am Ende des ersten Erdumlaufs, über Afrika, aktivierten die vier Bordcomputer das Programm für die Landung. Zwei Stunden und 20 Minuten nach dem Verlassen der Startrampe wurden die Triebwerke erneut aktiviert, dieses Mal, um die Geschwindigkeit um 300 Meter pro Sekunde zu reduzieren. Dieses Manöver senkte den niedrigsten Bahnpunkt der Umlaufellipse soweit ab, dass der Buran etwa 30 Minuten später die obersten Ausläufer der Erdatmosphäre erreichte. Der »Entry-Point« wie ihn die Amerikaner bezeichnen, war in 110 Kilometern Höhe bei 25facher Schallgeschwindigkeit erreicht. Dann erfolgte der feurige Abstieg durch die oberen Luftschichten. Etwa 400 Kilometer von Baikonur entfernt schalteten sich die Bordcomputer auf die Navigationssignale vom Boden auf und der Buran flog daraufhin den berechneten Gleitpfad ab.

Während des Endanflugs wurde der Gleiter von einer Mig 25 begleitet. Ab einer Höhe von vier Kilometern erfolgte – bereits im Unterschallbereich – die letzte Kurve und ab etwa 400 Meter über Grund erfolgte das Abfangmanöver. Der Buran fuhr das Fahrwerk aus und setzte mit etwa 340 Kilometern pro Stunde auf der Landepiste auf. Der erste – und wie sich zeigen sollte auch schon wieder letzte – Flug des sowjetischen Shuttle-Programmes war beendet.
Die Mission hatte exakt 206 Minuten gedauert. Der Buran verlor während dieses Fluges nur fünf seiner insgesamt 38.000 Thermalschutz-Kacheln. Die Landung in Baikonur erfolgte trotz eines Seitenwindes von über 60 Kilometern pro Stunde nur drei Meter neben der Mittellinie der Piste in Baikonur.

Bei dieser Mission war kein Lebenserhaltungssystem an Bord und für die manuelle Flugsteue-

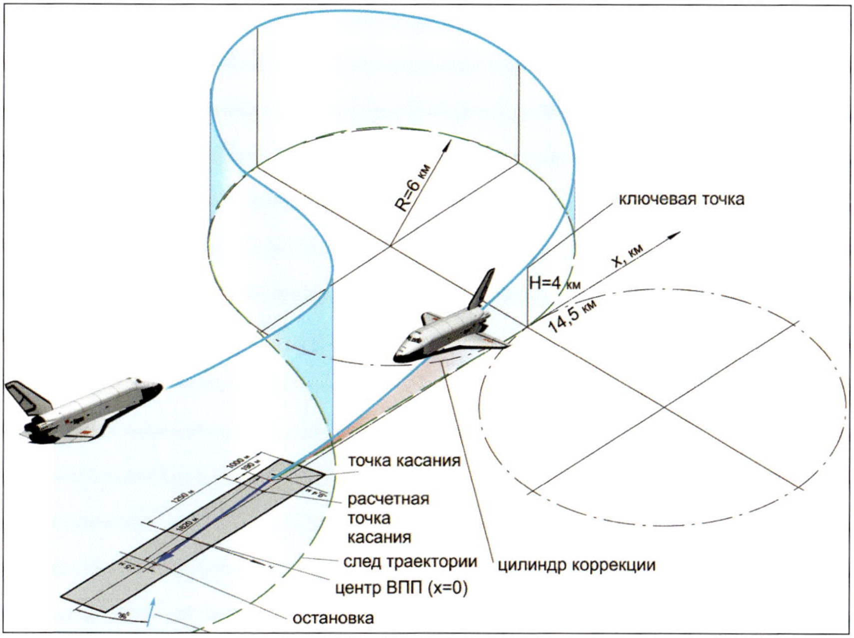

Diesen Gleitpfad musste der Buran im Endanflug auf die Piste absolvieren.

rung und die Bildschirme im Cockpit gab es keine Software.
Der Flug war der erste in der Geschichte der Raumfahrt, bei dem ein Raumfahrzeug dieser Größe und Komplexität eine Mission mit abschließender Landung vollkommen autonom durchgeführt hatte.

Weitere geplante Missionen

1988, im Jahr des ersten und einzigen Fluges des Buran, war die Planung für die weiteren Missionen in vollem Gange. Die folgenden Missionen befanden sich bereits in mehr oder weniger fortgeschrittenem Planungsstadium:

Jahr	Fluggerät	Aufgabe
1991	Ptichka	Unbemannter Testflug. Dauer 1-2 Tage
1992	Ptichka	Unbemannter Testflug. Dauer 7-8 Tage. Docking mit dem Mir-Modul »Kristall«. Umstieg von Testpiloten in Ptichka. Mehrtägiger Flug mit Besatzung. Umstieg der Besatzung in eine Sojus und unbemannte Landung von Ptichka.
1993	Buran	Unbemannter Start, Docking mit Mir. Dauer 15-20 Tage. Möglicherweise Umstieg eines Testpiloten von der Mir in den Buran und bemannte Landung in Baikonur.
1994	Baikal	Erster bemannter Start. Dauer mehre Tage. Kommandant Igor Volk, Co-Pilot Machmud Tolboyew.

Nach dem ersten von Anfang bis zum Ende bemannten Flug hätten noch drei weitere bemannte Testflüge mit einer zweiköpfigen Crew stattfinden sollen. Danach wäre, erfolgreich verlaufene Testmissionen vorausgesetzt, das System für Einsatzreif erklärt worden.
Der Buran verblieb der einzige sowjetische Shuttle, der jemals in den Orbit flog. Insgesamt sollte es fünf orbitfähige sowjetische Shuttles geben, einen mehr, als die Amerikaner besaßen. Zusätzlich gab es noch acht nicht raumflugfähige Geräte. Zum Teil Mock-ups, zum Teil Vehikel für Flugversuche in der Atmosphäre.

Tabelle: Vergleich US Space Shuttle - Buran		
Daten	US Space Shuttle	Buran
Länge:	37,25 m	36,37 m
Spannweite:	23,80 m	23,92 m
Höhe:	17,25 m	16,35 m
Trockenmasse:	78 t	61 t
Startgewicht mit Nutzlast:	110 t	105 t
Besatzung maximal:	7 Astronauten	10 Kosmonauten
Länge Ladebucht:	18,29 m	18,55 m
Breite Ladebucht:	4,57 m	4,65 m
Nutzlastkapazität in den Orbit:	25 t	30 t

Was bleibt

Der Buran war bis zum 22. April 2010 das einzige wieder verwendbare Raumfahrzeug, der vollautomatisch auf einer Rollbahn landete. An diesem Tag gesellte sich die Boeing X-37B dazu, der dies ebenfalls gelang.
Im Jahre 1993 wurde das Programm aus finanziellen Gründen eingestellt. In den folgenden Jahren verrotteten die Anlagen und die Shuttles in Baikonur. Niemand kümmerte sich darum, niemand nahm eine Pflege des Materials vor. Die heute in Russland verbliebenen Teile sind in einem für dieses stolze Land und für dieses wichtige Stück Raumfahrttradition unglaublich beschämenden Zustand.
Im Jahre 2002 war das große Montagegebäude in Baikonur so baufällig geworden, dass das Dach kollabierte und den Buran, Russlands einziger Raumgleiter, der je in den Orbit geflogen war, unter sich begrub und vollständig zerstörte. Die anderen Orbiter verrotteten in der Zwischenzeit auf Abstellplätzen in Moskau und Baikonur. Nur ein einziger der insgesamt 13 hergestellten Einheiten präsentiert sich heute in gutem Zustand und bekommt die Pflege, die diesem großartigen Stück Raumfahrtgeschichte angemessen ist: Das für Anflug- und Landeversuche bestimmte Testmodell OK-GLI, das 1984 gebaut wurde, und heute in der »Buran-Halle« des Technik-Museums in Speyer in nahezu perfektem Zustand bewundert werden kann.

Dieses Bild blieb Fiktion: Ein sowjetischer Shuttle legt an der Raumstation Mir an.

Buran und Energia liegen unter den Trümmern des eingestürzten Montagegebäudes.

Schier unbeschreiblich, wie Russland seine Raumfahrtgeschichte verrotten lässt.

Bezeichnung	Baujahr	Beschreibung
OK-ML-1	1983	Strukturmodell für statische Versuche und Interface-Tests. Befindet sich heute in Baikonur.
OK-KS	1983	Testmodell für die Installation der Verkabelung und der Elektronik. Befindet sich heute im Energia-Werk außerhalb von Moskau.
OK-ML-2	1984	Engineering-Mockup. Befindet sich heute in Baikonur.
OK-GLI	1984	Testmodell für Flugversuche in der Atmosphäre. Führte Taxitests und insgesamt 25 Flüge durch. Befindet sich seit 2008 im Technikmuseum Speyer.
OK-005	1984	Strukturmodell für Vakuum und Stresstests. Verbleib unbekannt.
OK-TVI	1984	Strukturmodell für Thermal- und Vakuumversuche. Befindet sich heute bei NIIKhimMash nördlich von Moskau.
OK-008	1985	Strukturmodell für Vibrations- und Vakuumtests. Verbleib unbekannt.
OK-TVA	1986	Strukturmodell für die Bestimmung der dynamischen Lasten, Wärme und Vibration. Befindet sich heute im Gorki-Park in Moskau.
OK-1K1 »Buran«	1986	Flugmodell 1. Ein unbemannter Flug (1988). Wurde beim Einsturz des Buran-Hangars in Baikonur im Jahre 2002 vollständig zerstört.
OK-1K2 »Ptichka«	1988	Flugmodell 2. 97 % fertig gestellt. Befindet sich heute in Baikonur und ist in sehr schlechtem Zustand.
OK-2K1 »Baikal«	1990	Flugmodell 3. Nicht fertig gestellt. Die unvollendete Rumpfstruktur befindet sich heute am Khimki Reservoir in Moskau.
OK-2K2	-	Flugmodell 4. Nicht fertig gestellt. Bauteile dieses Orbiters befinden sich heute in den Maschinenwerken Tushino in Moskau.
OK-2K2	-	Flugmodell 5. Nur wenige Komponenten fertig gestellt. Verbleib unbekannt.

X-37B »Mystery Plane«

Das Fluggerät sieht aus, als hätte der 2011 in Rente gegangene Space Shuttle auf seine alten Tage noch einmal Nachwuchs bekommen. Die NASA, der es einmal gehörte, nannte es X-37A. Die US-Luftwaffe, der neue Besitzer, bezeichnete es zunächst als X-37B, seit einer Weile aber nur noch als OTV, als »Orbital Test Vehikel«. Die Öffentlichkeit nennt das Vehikel auch »Space Shuttle Junior« oder einfach den »Mystery Plane«.

Im Prinzip ist das OTV-Vorhaben ein klassisches militärisches Geheimprojekt. Aber die US-Luftwaffe hat ihre liebe Not damit. In der Praxis ist es nämlich so, dass sich inzwischen eine unübersehbare Fangemeinde intensiv mit der Sache auseinandersetzt und die Blogs im Internet über das Thema heißlaufen. Dennoch: Selbst gewiefte Beobachter verlieren das Vehikel immer wieder für Wochen und Monate aus den Augen. Und bis auf den heutigen Tag, zwei Jahre nach dem Erstflug, stellt sich die Frage: Was um alles in der Welt bezweckt die amerikanische Luftwaffe mit diesem Fluggerät?

Die »X«-Bezeichnung ordnet es in die legendäre Reihe experimenteller Luft- und Raumfahrzeuge ein, die in den USA seit den späten 40er-Jahren tradiert wird: die so genannten »X-Planes«. Die X-37B erinnert ein wenig an die X-20 »Dyna-Soar« (siehe Seite 18), ein Projekt, das schon vor einem halben Jahrhundert aufgegeben wurde, weil die US-Luftwaffe geflügelte Raumfahrzeuge für nicht mehr zeitgemäß hielt. Schließlich gab es ja Raumkapseln.

Anders als der Shuttle ist die X-37B/OTV nicht eigenstartfähig. Sie wird als Nutzlast einer Trägerrakete in den Orbit transportiert. Sie ist somit ein klassischer Satellit, und kann zumindest in der Hinsicht nicht mit dem ehemaligen bemannten US-Raumtransportsystem verglichen werden. Dennoch hat die Bezeichnung »Space Shuttle Junior« eine gewisse Berechtigung. Vor dem Februar 2003 war nämlich geplant, die X-37B als Nutzlast des Shuttle in den Orbit zu bringen. Nach der Columbia-Katastrophe wurden aber alle Shuttle-Flüge – bis auf einen

Die X-37B.

– nur noch dem Aufbau der Internationalen Raumstation gewidmet. Damit fiel auch die X-37B aus dem Shuttle-Manifest.
Bis zu einem gewissen Detaillierungsgrad sind Informationen über das Fahrzeug, ja selbst Konstruktionsdetails, problemlos zu bekommen. Darin liest man über so interessante Dinge wie zum Beispiel die Konfiguration der Trägerrakete, die in dieser Variante für den Start der X-37B zum ersten Mal zum Einsatz kam, und auch einiges über das Raumfahrzeug selbst. Man wird aber den Verdacht nicht los, dass all die Testziele, welche die Luftwaffe vorgeblich mit dem Baby-Shuttle erreichen will, längst ein alter Hut sind und hinter der Sache etwas ganz anderes steckt.

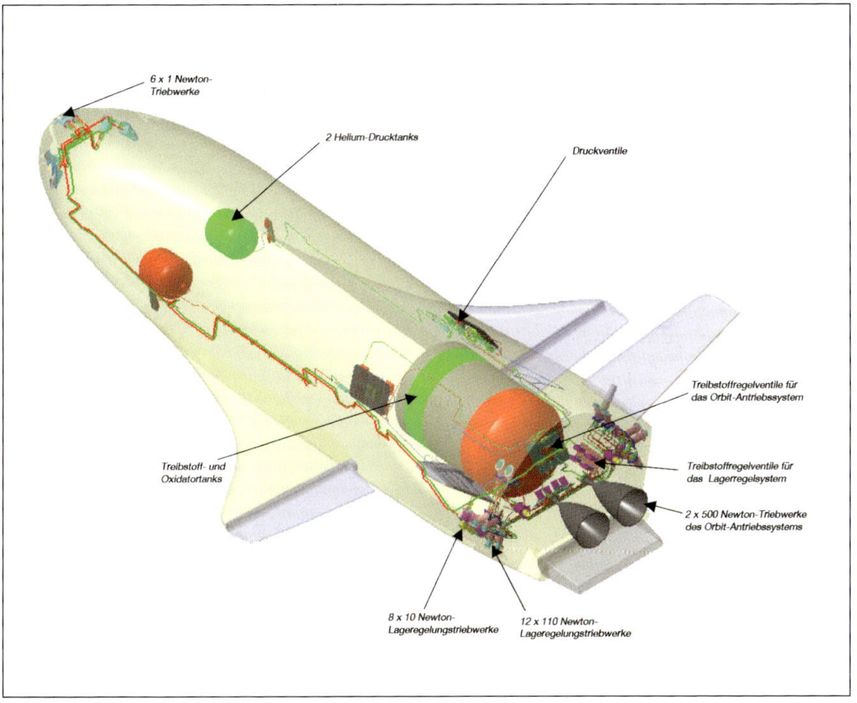

Das Antriebssystem der X-37B.

Von der X-40A zur X-37B

Das OTV begann seine Karriere bei der NASA vor mehr als 10 Jahren unter der Bezeichnung X-37A und erhielt dazu den hübschen Beinamen »Future X« verpasst. Das Vehikel war - die Geschichte soll nicht zu einfach sein - ein vergrößertes Modell der X-40A, dem »Space Maneuvre Vehicle«. Dieses »Space Maneuvre Vehicle« wiederum war ein gemeinsames Vorhaben der NASA, der US-Luftwaffe und der Firma Boeing. Man sollte nun annehmen, dass ein Vehikel, das in der Terminologie des X-Programms drei Nummern später kommt, auch das zeitlich später angesetzte, vielleicht sogar das technisch weiter entwickelte Vorhaben

Die X-40A bei einem Flugtest etwa um das Jahr 2000.

ist. Dem war aber nicht so. Die X-40A war der Vorläufer der X-37A. Ein »Light«-Version sozusagen, und flog auch Jahre vor dieser.

Trotz des hochtrabenden Beinamens »Space Maneuvre Vehicle« erreichte die X-40A nie eine größere Höhe als 6.700 Meter. Und auch

Ein seltenes Gruppenbild, das um das Jahr 2000 entstand. Von links: X-37A, X-40A und X-34.

das nur dank der Transportleistung eines Chinook-Hubschraubers, von dem sie an den Haken genommen wurde. Nach acht Flügen (immer von der Chinook abgeworfen) war das Programm auch schon wieder beendet, und die X-40A wurde eingemottet. Das war 2001, das Jahr, in dem die NASA bis auf die X-37A komplett alle ihre Vorhaben für rückkehrfähige, wieder verwendbare Raumfahrzeuge einstellte. Das Ziel der Tests, so wurde behauptet, sei erreicht worden: Die Erprobung eines autonomen Flugführungssystems bestehend aus einer Kombination von Trägheitsnavigation und GPS. Genau dasselbe Testziel, das die Luftwaffe neun Jahre später noch einmal vorgab, erreichen zu wollen (und das, nur ganz nebenbei, die US-Luftwaffe zu diesem Zeitpunkt schon seit vielen Jahren in alle ihre Cruise Missiles tausendfach serienmäßig implementiert hatte).

Drei Jahre lang lief danach die Entwicklung der X-37A ruhig und unauffällig, bis schließlich im Jahre 2004 – Boeing begann gerade mit dem Bau der Hardware – die NASA nun auch aus dem X-37A Programm ausstieg. »Kein Bedarf mehr für ein solches Vehikel«, hieß es dort. Das Vorhaben wurde daraufhin zur DARPA transferiert, der amerikanischen »Defense Advanced Research Project Agency«.

Wieder hörte man zwei Jahre lang nichts mehr von dem Projekt, und es bildete sich die Meinung heraus, es sei ebenso sanft entschlummert, wie offensichtlich alle X-Projekte, sobald sie unter der Ägide der NASA laufen. Im Jahre 2006 erschien die X-37A aber wieder aus der Versenkung und begann erneut mit einer Serie von Gleitflügen.

Nachdem die X-37A 30 Prozent größer war als ihr Vorläufer, die X-40A, konnte sie nicht mehr mit der Chinook auf Abwurfhöhe für die antriebslosen Gleitflüge transportiert werden. So kam WhiteKnightOne der Firma Scaled Composites für die Abwürfe zum Einsatz. Fünf der sechs Flüge erfolgten im kalifornischen Palmdale, wo die Firma Boeing, die auch die X-37A gebaut hat, einen Werksflughafen unterhält. Danach verschwand der Mini-Shuttle erneut in der Versenkung. Aber erst, nachdem die Luftwaffe erklärt hatte, die X-37A mit Thermalschutz und sonstiger Orbitalausrüstung zu versehen und es zur X-37B, oder eben einem »Orbital Test Vehicle« weiter zu entwickeln.

Seit dieser Zeit wird die Frage diskutiert: was

2006 fanden eine Reihe von Anflug- und Landetests statt, bei denen die X-37A vom Scaled Composites »WhiteKnightTwo« Trägerflugzeug abgesetzt wurde.

will die US-Luftwaffe eigentlich mit diesem Fahrzeug? Was testet sie, was nicht schon längst getestet wäre? Seit Jahren erklärt jeder, der in der Raumfahrt als kompetent gelten will, dass geflügelte Rückkehrfahrzeuge »outdated« sind. Und dann rüstet die US-Luftwaffe dieses Raumfahzeug für geschätzte 350 Millionen Dollar auf und verpasst ihm Trägerraketen, die pro Stück jeweils weitere 120 Millionen Dollar kosten.

Wozu also braucht die US-Luftwaffe das OTV? Warum muss es in der Lage sein, Geschwindigkeitsänderungen von 1.100 m/sec durchführen zu können? Das ist mehr als das doppelte dessen, zu dem der Shuttle im Orbit in der Lage war. Was an Nutzlasten der US-Luftwaffe – und sie dürfen nicht mehr als 250 Kilogramm wiegen, denn mehr kann das OTV nicht transportieren - ist derart wertvoll, dass man es wieder zur Erde zurückbringen muss? Was sind das für Kleinnutzlasten, welche die komplette Neuentwicklung eines wieder verwendbaren, auf einer Flughafenpiste landenden Raumfahrzeugs notwendig machen? Und warum muss das Vehikel mehr als neun Monate im Weltraum verbringen können? Und warum landet es in Vandenberg und nicht in Edwards, das ungleich besser für Testflugaktivitäten geeignet ist?

Mission 1 mit OTV-1

Ein erster Test in der Erdumlaufbahn begann am 23. April 2010. Als Trägerrakete wurde eine Atlas V (501) eingesetzt, die den Raumgleiter von Cape Canaveral aus in den Orbit brachte. Das Vehikel trug den Namen OTV-1. Insgesamt wurden bislang zwei X-37B gebaut, welche die Bezeichnungen OTV-1 und OTV-2 tragen. Dieser erste Flug endete nach genau 224 Tagen, 8 Stunden und 24 Minuten im Orbit am 3. Dezember 2010. An diesem Tag, einem Freitag um 11:16 Uhr mitteleuropäischer Zeit, erfolgte die Landung auf der 4.600 Meter langen Rollbahn der Luftwaffenbasis Vandenberg in Kalifornien. Dort war es erst 1:16 Uhr morgens, so dass dies eine Nachtlandung war.

Das OTV-1 wird in die Nutzlastverkleidung der Atlas 5-Trägerrakete eingeschlossen

Diese Runway in Vandenberg war dort übrigens vor 25 Jahren gebaut worden, um die Rückkehr militärischer Shuttle-Missionen zu ermöglichen. Für die Einsätze des Pentagon sollten die Raumfähren auch von hier aus starten. Nach der Challenger-Katastrophe wurden diese Pläne aber ad acta gelegt, und weder startete jemals

ein Shuttle von dieser Basis am Pazifik, noch beendete dort jemals einer eine Mission.
Die Landung in Vandenberg war überhaupt erst die Zweite ihrer Art in der Geschichte der Raumfahrt. Nur ein einziges Mal zuvor war ein unbemanntes Fluggerät autonom aus dem Orbit zur Erde zurückgekehrt und hatte seine Mission auf einer Rollbahn beendet: Im November 1988 beim ersten und einzigen Flug des sowjetischen Raumgleiters Buran.
Die X-37B ist allerdings eine ganz andere Größenklasse als der Buran oder die ehemaligen US-Raumfähren. Zwei der nur knapp neun Meter langen X-37B hätten problemlos hintereinander in der Nutzlastbucht eines Shuttle (oder des Buran) Platz gefunden. Das Landeverfahren der X-37B gleicht jedoch, bis auf die letzte Phase, dem der Raumfähren.
Das Orbit-Manövertriebwerk feuert etwa 50 Minuten vor der Landung für einige Minuten und verringert die Fluggeschwindigkeit soweit, dass der niedrigste Punkt der Bahnellipse in den obersten Schichten der Erdatmosphäre verlegt wird. Sobald das Raumfahrzeug in Kontakt mit den Luftmolekülen kommt übernimmt die Reibung die weitere Abbremsung. Die sorgt auch, genau wie beim Shuttle, für eine erhebliche thermische Einwirkung auf das Raumfahrzeug, das durch einen keramischen Hitzeschild vor dem Verglühen bewahrt werden muss. Der Anflug erfolgt autonom, genau wie beim Shuttle. Die Landung selbst wurde bei den US-Raumfähren von den Astronauten durchgeführt, im Falle der X-37B erfolgte sie komplett eigenständig durch den Bordcomputer. Der Rechner erhält dabei seine Positionsdaten über GPS.

Boeing X-37 B »OTV«	
Erster Gleitflug (X-37A):	7. April 2006
Erster Orbiteinsatz (OTV-1):	23.4.2010 - 3.12.2010
Zweiter Orbiteinsatz	5.3.2011 -
Länge:	8,90 m
Spannweite:	4,50 m
Höhe:	2,90 m
Startgewicht:	4.990 kg
Nutzlast:	250 kg

Obwohl die X-37B äußerlich eine gewisse Ähnlichkeit mit dem Shuttle aufweist – vor allem in der Flügelform - ist sie nicht dafür ausgelegt, eine Besatzung aufzunehmen. Die Nutzlastkapazität ist gering, sie liegt nur bei etwa 250 Kilogramm. Die Nutzlastbucht ist kaum größer als die Ladefläche eines Van. Ebenfalls anders als beim Shuttle, dessen Energieversorgung durch Brennstoffzellen abgewickelt wurde, erfolgt die Stromversorgung des X-37B. Nachdem es wesentlich länger im Weltraum bleiben muss bekommt sie den Betriebsstrom über die Galliumarsenid-Zellen ihres Solargenerators, der seinerseits die gewonnene Energie in Lithium-Ionenbatterien puffert, um auch im Erdschatten elektrische Leistung zur Verfügung zu haben.
Gebaut wurde das Raumfahrzeug von den »Boeing Phantom Works«. Die Mission wurde unter strengster Geheimhaltung abgewickelt und die US-Luftwaffe veröffentlichte, außer einigen sehr allgemeinen Statements, keinerlei Einzelheiten. Das letzte Mal dass man offiziell etwas vom OTV-1 Testflug erfuhr war am 22. April. Und das war fünf Minuten nach dem Verlassen der Startrampe (und noch mitten in der Startphase) der Atlas 5-Trägerrakete. Zu diesem Zeitpunkt wurde die Direktübertragung des Starts abgebrochen. Der Sprecher der United Launch Alliance (der Organisation, die den Start durchführte) verkündete: »At the request of our customer (der US-Luftwaffe) we herewith are ending our coverage«. Also: »Auf Wunsch unseres Kunden beenden wir an dieser Stelle die Übertragung«.

Danach war die Öffentlichkeit auf die Beobachtungen von Amateuren angewiesen, und die zeigten sich dabei recht begabt. Es begann ein reges »Spaceplane-Spotting«. Dennoch dauerte es bis zum 20. Mai, bis zwei Beobachter das Fahrzeug zum ersten Mal sichteten. Es befand sich auf einem elliptischen Erdorbit mit einem niedrigsten Bahnpunkt von 401 und einem höchsten von 422 Kilometern über der Erdoberfläche. Die Neigung der Bahn zum Äquator betrug 40 Grad. Der »Ground track« dieser Bahn (also der Flugweg, aufgetragen auf die Erdoberfläche) wiederholte

Start des OTV-2 am 5. März 2011 von Cape Canaveral aus.

sich alle 61 Erdumkreisungen, respektive alle vier Tage. Ground tracks, die sich alle zwei, drei oder vier Tage wiederholen, sind jedoch Standardbahnen für optische Spionagesatelliten. Eine Beobachtung vom 28. Mai 2010 zeigte das Objekt auf einer Höhe von 400 x 422 Kilometern und einer Bahnneigung von 39,985 Grad. Zu dieser Zeit war die X-37B sogar mit bloßem Auge leicht zu beobachten, ein Objekt mit einer Magnitude zwischen 2 und 3, je nach Stellung des (stark reflektierenden) entfaltbaren Solargenerators, der für die Stromversorgung des Raumfahrzeugs zuständig war.

Ende Juni verloren die Amateure das Vehikel für einige Wochen aus den Augen, nachdem die Bahn erneut geändert worden war. Am 20. August wurde es aber wieder gefunden, auf einem Orbit der nun 24 Kilometer höher war, als der vorige und eine geringfügig veränderte Bahnneigung zum Äquator aufwies. Von da an konnten die Amateure das OTV wieder für einige Wochen verfolgen, bis sie es Ende September erneut aus den Augen verloren.

Am 12. Oktober wurde es wieder aufgefunden, die Bahn lag nun bei 376 x 393 und die Inklination bei 39,988 Grad. Die Bahnänderung erscheint klein, war aber jetzt darauf ausgelegt, einen bestimmten Punkt auf der Erde alle 46 Erdumkreisungen, respektive alle drei Tage erneut zu überfliegen.

Jetzt aber darauf zu schließen, dass die X-37B ein Spionagesatellit ist (wie es die meisten Medien damals taten), wäre voreilig. Diese Bahn könnte man genauso gut deswegen gewählt haben, um den Landeort in kurzen Abständen zu überfliegen und die Mission jederzeit beenden zu können.

Erstaunen erregte die Länge der Mission. Es ist ein Hinweis darauf, dass die X-37B schon sehr ausgereift ist, wenn bei einer (damals genannten) maximalen Einsatzdauer von 270 Tagen der Erstflug gleich über 225 Tage geht. Nach der erfolgreichen Landung gab die Luftwaffe ein lakonisches Statement heraus. Der Wortlaut: »Aufgabe des X-37B Programm sind Risikominimierung, die Durchführung von Experimenten und die Entwicklung von Operationskonzepten für wieder verwendbare Raumfahrzeuge«. Hätte man nicht bis noch vor kurzer Zeit fast gebetsmühlenartig

Diese künstlerische Darstellung zeigt die X-37B im Orbit. Auffallend der charakteristische, einrollbare Solargenerator.

immer wieder gehört, dass das US-Militär ein wieder verwendbares Raumfahrzeug überhaupt nicht braucht, hätte das eine gewisse Plausibilität. Ist es also nur eine nette technische Spielerei, die sich das Pentagon so nebenbei leistet? Nun, dafür ist es garantiert zu teuer. Für »Luxusprojekte« hat auch das US-Verteidigungsministerium in Zeiten äußerst angespannter Haushaltslage keine Mittel übrig.

Zweiter Flug mit OTV-2

Gerade drei Monate später wurde am 5. März 2011 das zweite Exemplar (OTV-2) von Cape Canaveral gestartet. Zum Zeitpunkt, an dem diese Zeilen entstehen (Anfang März 2012), befindet sich dieses Fahrzeug immer noch im Orbit. Somit bereits seit über einem Jahr und damit erheblich länger, als in der öffentlich zugänglichen Spezifikation angegeben.
Nach wie vor ist somit unklar, was das US-Militär mit diesem Vehikel eigentlich bezweckt. Die Nutzlastkapazität ist extrem begrenzt, Probenrückführungen könnten mit Kapseln einfacher und billiger durchgeführt werden.
Es bleibt also weiterhin die Frage, was denn so wertvoll ist, dass es einen Aufwand rechtfertigt, den man im bemannten US-Raumfahrtprogramm grade eben abstellen will. Eine Antwort könnte Boeing selber geben. Das Unternehmen führt nämlich Studien für eine vergrößerte Version der X-37B durch mit der Fracht und Mannschaften zur ISS transportiert

Ein Foto mit Seltenheitswert. Beide X-37B Nase an Nase.

OTV-1 nach der Landung in den frühen Morgenstunden des 3. Dezember 2010

werden könnten. Diesem bemannten Fahrzeug würde man sich dann in einem zweistufigen Ausbauprogramm nähern.
In der Stufe 1 wäre die X-37B um 165 Prozent »heraufskaliert«. Sie wäre dann etwa 14 Meter lang und könnte dann, unbemannt, größere Ersatzteile zur ISS bringen. In einer dritten Phase würde das Fahrzeug noch einmal vergrößert werden, und könnten dann fünf bis sieben Astronauten zur ISS bringen.
Das sind aber nur die ganz kommerziellen Überlegungen der Firma Boeing. Nach wie vor wissen wir nicht, was die Luftwaffe mit dem Vehikel vorhat. Doch vielleicht lüftet sich nach der Rückkehr des OTV-2 das Geheimnis ein wenig.
Bis dahin gilt der Satz des US-Militäranalytikers John Pike, Direktor von Globalsecurity.org, der sich zum Thema X-37B wie folgt äußerte »As long as you're confused you're in good shape.« (Solange Sie verwirrt sind, sind Sie in guter Verfassung).

Auf den Bildern Seite 125 und 126 sieht man das OTV kurz vor dem Schließen der Nutzlastverkleidung noch aus verschiedenen Blickwinkeln.

Zum Weiterlesen aus dem Motorbuch Verlag

Raumsonden

Voyager 2 ist die berühmteste Raumsonde: 1977 gestartet, hat die Sonde Jupiter, Saturn, Uranus und Neptun besucht. Inzwischen hat sie das Sonnensystem verlassen und befindet sich im tiefen Weltraum.

144 Seiten,
Format 140 x 205 mm

ISBN 978-3-613-03339-9
€ 9,95 / sFr 14,00 / € (A) 10,30

Bemannte Raumfahrzeuge

Alle Daten und Fakten vom Beginn des bemannten Raumfluges durch Juri Gagarin im Jahre 1961 über die Mercury, Gemini- und Apollo-Programme bis hin zum ersten vollständig privat finanzierten Raumfahrzeug „SpaceShipOne".

128 Seiten,
Format 140 x 205 mm

ISBN 978-3-613-03197-5
€ 9,95 / sFr 14,00 / € (A) 10,30

Raumstationen

Alles über Planung, Bau und Einsatz der faszinierenden und technisch hochkomplexen Raumstationen: Beginnend mit den noch vergleichsweise einfachen Salut-Stationen bis hin zur russischen Mir und der ISS.

144 Seiten,
Format 140 x 205 mm

ISBN 978-3-613-03229-3
€ 9,95 / sFr 14,00 / € (A) 10,30

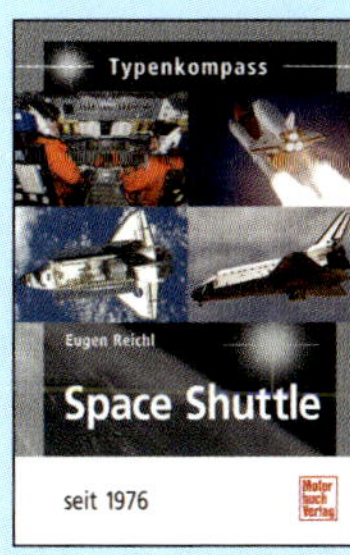

Space Shuttle

Seit 30 Jahren versehen sie ihren Dienst und stellen eine technologische Meisterleistung dar. Dieser Typenkompass beschreibt die Raumfähren und ihre Missionen.

128 Seiten,
Format 140 x 205 mm

ISBN 978-3-613-03007-7
€ 9,95 / sFr 14,00 / € (A) 10,30

www.motorbuch-verlag.de
Service-Hotline: 018 05/00 41 55*

*0,14 €/Min. aus d. dt. Festnetz, max. 0,42 €/Min. aus Mobilfunknetzen

Motor buch Verlag

Stand Februar 2012
Änderungen in Preis und Lieferfähigkeit vorbehalten.